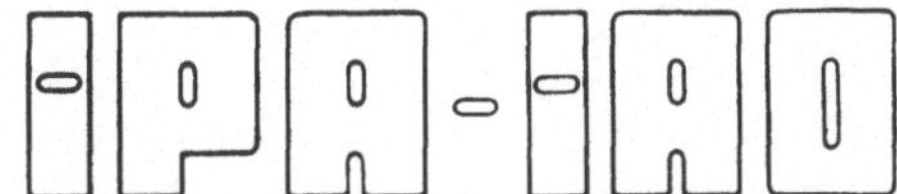

Forschung und Praxis

Band 167

Berichte aus dem
Fraunhofer-Institut für Produktionstechnik
und Automatisierung (IPA), Stuttgart,
Fraunhofer-Institut für Arbeitswirtschaft
und Organisation (IAO), Stuttgart,
Institut für Industrielle Fertigung und
Fabrikbetrieb der Universität Stuttgart und
Institut für Arbeitswissenschaft und
Technologiemanagement, Universität Stuttgart

Herausgeber: H. J. Warnecke und H.- J. Bullinger

Uwe Müssigmann

Bewertung inhomogener fraktaler Strukturen und Skalenanalyse von Texturen

Mit 43 Abbildungen

Springer-Verlag Berlin Heidelberg GmbH

Dipl.-Math. Uwe Müssigmann

Fraunhofer-Institut für Produktionstechnik und Automatisierung (IPA), Stuttgart

Prof. Dr.-Ing. Dr. h. c. Dr.-Ing. E. h. H. J. Warnecke

o. Professor an der Universität Stuttgart

Fraunhofer-Institut für Produktionstechnik und Automatisierung (IPA), Stuttgart

Prof. Dr.-Ing. habil. Dr. h. c. H.-J. Bullinger

o. Professor an der Universität Stuttgart

Fraunhofer-Institut für Arbeitswirtschaft und Organisation (IAO), Stuttgart

D 93

ISBN 978-3-540-55796-8   ISBN 978-3-642-47950-2 (eBook)
DOI 10.1007/978-3-642-47950-2

Gesamtherstellung: Copydruck GmbH, Heimsheim
62/3020–6 5 4 3 2 1 0

<u>Geleitwort der Herausgeber</u>

Futuristische Bilder werden heute entworfen:

o Roboter bauen Roboter,

o Breitbandinformationssysteme transferieren riesige Datenmengen in
  Sekunden um die ganze Welt.

Von der "menschenleeren Fabrik" wird da gesprochen und vom "papierlo-
sen Büro". Wörtlich genommen muß man beides als Utopie bezeichnen,
aber der Entwicklungstrend geht sicher zur "automatischen Fertigung"
und zum "rechnerunterstützten Büro". Forschung bedarf der Perspektive,
Forschung benötigt aber auch die Rückkopplung zur Praxis - insbesondere im Bereich der Produktionstechnik und der Arbeitswissenschaft.

Für eine Industriegesellschaft hat die Produktionstechnik eine Schlüs-
selstellung. Mechanisierung und Automatisierung haben es uns in den
letzten Jahren erlaubt, die Produktivität unserer Wirtschaft ständig
zu verbessern. In der Vergangenheit stand dabei die Leistungssteigerung
einzelner Maschinen und Verfahren im Vordergrund. Heute wissen wir, daß
wir das Zusammenspiel der verschiedenen Unternehmensbereiche stärker
beachten müssen. In der Fertigung selbst konzipieren wir flexible Fer-
tigungssysteme, die viele verkettete Einzelmaschinen beinhalten. Dort,
wo es Produkt und Produktionsprogramm zulassen, denken wir intensiv
über die Verknüpfung von Konstruktion, Arbeitsvorbereitung, Fertigung
und Qualitätskontrolle nach. Rechnerunterstützte Informationssysteme
helfen dabei und sollen zum CIM (Computer Integrated Manufacturing)
führen und CAD (Computer Aided Design) und CAM (Computer Aided Manufacturing) vereinen. Auch die Büroarbeit wird neu durchdacht und mit
Hilfe vernetzter Computersysteme teilweise automatisiert und mit den
anderen Unternehmensfunktionen verbunden. Information ist zu einem
Produktionsfaktor geworden, und die Art und Weise, wie man damit umgeht,
wird mit über den Unternehmenserfolg entscheiden.

Der Erfolg in unseren Unternehmen hängt auch in der Zukunft entschei-
dend von den dort arbeitenden Menschen ab. Rationalisierung und Automatisierung müssen deshalb im Zusammenhang mit Fragen der Arbeitsgestal-
tung betrieben werden, unter Berücksichtigung der Bedürfnisse der Mitarbeiter und unter Beachtung der erforderlichen Qualifikationen. Investitionen in Maschinen und Anlagen müssen deshalb in der Produktion wie
im Büro durch Investitionen in die Qualifikation der Mitarbeiter be-
gleitet werden. Bereits im Planungsstadium müssen Technik, Organisation
und Soziales integrativ betrachtet und mit gleichrangigen Gestaltungs-
zielen belegt werden.

Von wissenschaftlicher Seite muß dieses Bemühen durch die Entwicklung
von Methoden und Vorgehensweisen zur systematischen Analyse und Ver-
besserung des Systems Produktionsbetrieb einschließlich der erforderlichen Dienstleistungsfunktionen unterstützt werden. Die Ingenieure
sind hier gefordert, in enger Zusammenarbeit mit anderen Disziplinen,
z. B. der Informatik, der Wirtschaftswissenschaften und der Arbeitswissenschaft, Lösungen zu erarbeiten, die den veränderten Randbedingungen
Rechnung tragen.

Beispielhaft sei hier an den großen Bereich der Informationsverarbeitung im Betrieb erinnert, der von der Angebotserstellung über Konstruktion und Arbeitsvorbereitung, bis hin zur Fertigungssteuerung und Qualitätskontrolle reicht. Beim Materialfluß geht es um die richtige Aus-

wahl und den Einsatz von Fördermitteln sowie Anordnung und Ausstattung
von Lagern. Große Aufmerksamkeit wird in nächster Zukunft auch der
weiteren Automatisierung der Handhabung von Werkstücken und Werkzeu-
gen sowie der Montage von Produkten geschenkt werden.

Von der Forschung muß in diesem Zusammenhang ein Beitrag zum Einsatz
fortschrittlicher intelligenter Computersysteme erfolgen. Planungs-
prozesse müssen durch Softwaresysteme unterstützt und Arbeitsbedingun-
gen wissenschaftlich analysiert und neu gestaltet werden.

Die von den Herausgebern geleiteten Institute, das

- Institut für Industrielle Fertigung und Fabrikbetrieb der Universität
  Stuttgart (IFF),

- Fraunhofer-Institut für Produktionstechnik und Automatisierung (IPA),

- Fraunhofer-Institut für Arbeitswirtschaft und Organisation (IAO)

arbeiten in grundlegender und angewandter Forschung intensiv an den
oben aufgezeigten Entwicklungen mit. Die Ausstattung der Labors und
die Qualifikation der Mitarbeiter haben bereits in der Vergangenheit
zu Forschungsergebnissen geführt, die für die Praxis von großem
Wert waren. Zur Umsetzung gewonnener Erkenntnisse wird die Schriftenreihe "IPA-IAO - Forschung und Praxis" herausgegeben. Der vorliegende
Band setzt diese Reihe fort. Eine Übersicht über bisher erschienene
Titel wird am Schluß dieses Buches gegeben.

Dem Verfasser sei für die geleistete Arbeit gedankt, dem Springer-
Verlag für die Aufnahme dieser Schriftenreihe in seine Angebotspa-
lette und der Druckerei für saubere und zügige Ausführung. Möge das
Buch von der Fachwelt gut aufgenommen werden.

                                    H. J. Warnecke · H.-J. Bullinger

<u>Vorwort</u>

Die vorliegende Arbeit entstand während meiner Tätigkeit als wissenschaftlicher Mitarbeiter am Fraunhofer Institut für Produktionstechnik und Automatisierung, Stuttgart.

Mein Dank gilt Herrn Prof. Dr.-Ing. H.-J. Warnecke für die großzügige Unterstützung und Förderung meiner Arbeit, Herrn Prof. Dr.rer.nat B. Fiedler für die gründliche Durchsicht und die daraus resultierenden Hinweise.

Darüberhinaus danke ich allen Mitarbeitern des Instituts, die mich durch ihre anregende Kritik und Diskussion unterstützt haben, insbesondere Herrn Dr. Manfred Schmutz.

Wesentlich zum Entstehen und Gelingen dieser Arbeit hat Herr Dr. Manfred Rueff beigetragen, der durch seinen überraschenden Tod die Fertigstellung der Arbeit leider nicht erlebt hat.

Ihm möchte ich diese Arbeit widmen.

Stuttgart, Mai 1992   Uwe Müssigmann

0 <u>Inhaltsverzeichnis</u>

1 Einleitung

Eine der faszinierendsten Technologien, die die Entwicklung der Computer in den letzten Jahren mit sich gebracht hat, ist die Bildverarbeitung. Das maschinelle Sehen hat sich in kürzester Zeit dank dieser Entwicklung viele neue Einsatzfelder erschließen können. Insbesondere profitierte die Bildverarbeitung von der starken Zunahme der Speicherkapazitäten und Erhöhung der Rechenleistungsfähigkeit bei sinkenden Rechnerkosten. Mit heute zur Verfügung stehender Hardware können so Aufgabenstellungen angegangen werden, deren Komplexität vor kurzem noch nicht an den Einsatz von Bildverarbeitungssystemen denken ließ. Heute ist dies anders, da auch anspruchsvolle, rechenintensive informationstheoretische Konzepte in Rechnern realisiert und so zur Lösung solcher Aufgaben eingesetzt werden können.

Die Technik der heutigen Bildverarbeitung basiert hauptsächlich auf seriellen Rechnern; Parallelrechner oder gar die biologisch inspirierten Neuronalen Netzwerke sind noch Gegenstand von Grundlagenuntersuchungen. Auch wenn diese neuen Rechnerkonzepte in den folgenden Jahren in die Bildverarbeitungstechnik eindringen, bleiben die zu erkennenden Objekte und somit die Grundaufgabenstellungen der Bildverarbeitung dieselben. Mit einer der Grundaufgaben, der Objektsegmentation in Bildern, beschäftigt sich die vorliegende Arbeit. Die Klasse der Objekte, die dabei ins Auge gefaßt wird, sind Texturen. Eines der wichtigsten mathematischen Hilfsmittel, sowohl zur Objektsegmentation als auch allgemein zur Bildverarbeitung, stellt hierbei die Geometrie dar.

Seit über 200 Jahren beschäftigen sich Mathematiker mit der Analyse von Kurven und Flächen in 2-, 3- oder mehrdimensionalen Räumen. Global gesehen können diese Strukturen sehr komplex sein. In kleinen Nachbarschaften bestehen sie meist jedoch nur aus einfachen geraden Linien bzw. Ebenen. Die Differentialgeometrie liefert die zum Studium solcher Strukturen notwendigen Theorien.

Viele Formen und Strukturen, die in der Natur vorkommen, sind dagegen so irregulär und zerklüftet, daß weder die klassische Euklidsche Geometrie noch die Differentialgeometrie geeignete Werkzeuge zu sein scheinen, um sie adäquat zu beschreiben. Am besten kann man sich dies verdeutlichen, wenn man die Strukturen unter variabler Auflösung bzw. variabler Skala studiert. Während "glatte" Objekte auf abnehmender Skala immer einfacher werden, zeigen die meisten natürlichen geometrischen Formen über viele Größenbereiche hinweg stets neue Details; sie zeigen nichttriviales Skalenverhalten.

Formen und Strukturen, die ein solches Skalenverhalten zeigen, sind Gegenstand der von dem französischen Mathematiker Benoit B. Mandelbrot ins Leben gerufenen Theorie der

Fraktalen Geometrie. Die Objekte dieser Geometrie werden nach Mandelbrot "Fraktale" genannt (Fraktal leitet sich von dem lateinischen Wort *fractus* ab, was soviel wie gebrochen oder fragmentiert bedeutet) [1].

Mathematische und natürliche Fraktale sind Formen, bei denen Rauheit und Aufbau im wesentlichen unverändert bleiben, wenn man die Auflösung, mit der man sie betrachtet, zunehmend verfeinert. Sie sind von der Art, daß die Struktur jedes ihrer Teile die Gesamtstruktur enthält.

Mandelbrots Fraktale Geometrie liefert ein mathematisches Modell für viele der komplexen Formen und Muster, die in Natur und Technik auftreten. Es ist eines ihrer Ziele, solche Strukturen dem Wissenschaftler und dem Ingenieur zugänglich zu machen. Beispiele von fraktalen Formen sind unter anderem gebrochene Oberflächen von Metallen, die Erdoberfläche nach einem Erdbeben, die Oberfläche von Katalysatoren, Pulvern und porösen Materialien [2]. "Die Fraktale Geometrie stellt eine neue Sprache dar. Wenn man sie beherrscht, kann man die Form einer Wolke genauso präzise beschreiben wie ein Architekt ein Haus" (Michael Barnsley) [3].

F. J. Dyson gibt folgende Zusammenfassung der von Mandelbrot entwickelten Theorien [1]:

Das Wort Fraktal wurde von Mandelbrot erfunden, um eine umfangreiche Klasse von Objekten unter einem Begriff zu vereinen, die in der Entwicklung der reinen Mathematik eine historische Rolle gespielt haben. Eine große Revolution der Ideen trennt die klassische Mathematik des 19. Jahrhunderts von der modernen Mathematik des 20. Jahrhunderts. Die Wurzeln der klassischen Mathematik liegen in den regulären geometrischen Strukturen von Euklid und den stetigen Dynamiken von Newton. Mit der Mengentheorie von Cantor und den raumfüllenden Kurven von Peano begann dagegen die moderne Mathematik. Historisch wurde die Revolution von der Entdeckung mathematischer Strukturen erzwungen, die nicht in die Muster von Euklid und Newton paßten. Die Mathematiker benutzten die von ihnen geschaffenen komplexen mathematischen Formen zum Nachweis, daß der Variantenreichtum der reinen Mathematik weit über die einfachen, in der Natur sichtbaren Strukturen hinausgeht, und die Mathematik des 20. Jahrhunderts lebte im Glauben, die von ihren natürlichen Ursprüngen abgesteckten Grenzen vollständig überschritten zu haben. Doch die Natur hat – wie Mandelbrot herausarbeitet – mit den Mathematikern ihren Spaß getrieben. Vielleicht fehlte es den Mathematikern des vorigen Jahrhunderts an Vorstellungskraft, der Natur jedenfalls nicht. Von den gleichen mathematischen Strukturen, die die Mathematiker erfanden, um sich vom Naturalismus des 19. Jahrhunderts zu lösen, erweist sich nun, daß sie vertrauten, uns umgebenden Objekten innewohnen.

Die Faszination, die für viele Wissenschaftler von den Fraktalen ausgeht, ist dadurch zu erklären, daß sie zur Simulation und zum Studium vieler natürlicher Phänomene geeignet sind. Darüberhinaus lassen sich fraktale Strukturen sehr einfach auf Rechnern erzeugen. Vor allem der letztgenannte Punkt hat eine bedeutende Rolle sowohl in der Entwicklung als auch der schnell wachsenden Popularität der Fraktalen Geometrie gespielt. Gerade die moderne Computertechnologie macht es erst möglich, die Grundgedanken der Fraktalen Geometrie anzuwenden. Ohne Computer wäre die Aussagekraft dieser neuen Beschreibung von Phänomenen nie nachgewiesen worden.

Um solche komplexen Strukturen, wie sie die Fraktale darstellen, zu kennzeichnen, bedarf es anderer Größen als die der klassischen Maß- und Dimensionsbegriffe. So ist es zum Beispiel nicht möglich, einem zeitbegrenzten fraktalen Signal eine endliche Bogenlänge zuzuordnen. Auch die topologische Dimension erscheint zur Charakterisierung von fraktalen Mengen unbefriedigend. Da die topologische Dimension nur ganzzahlige Werte annehmen kann, besitzt beispielsweise die Cantor-Menge, auf die im folgenden Kapitel näher eingegangen wird, die gleiche Dimension Null wie jede endliche Punktmenge, obwohl sich beide Mengen in ihrer Struktur deutlich unterscheiden.

Ein weitaus geeigneteres Maß zur Charakterisierung von irregulären Formen liefert die von C. Carathéodory [4] in ihren Grundzügen erdachte und von Felix Hausdorff entwikkelte Hausdorff-Dimension. Durch sie wird die Dimension

...zu einem Graduierungsmerkmal wie die "Ordnung" des Nullwerdens, die "Stärke" der Konvergenz und verwandte Begriffe ...[5].

Ein ähnliches Maß zur Bewertung komplexer Strukturen stellt die von Hermann Minkowski definierte Minkowski-Dimension dar [6]. Sie kann wie auch die Hausdorff-Dimension nichtganzzahlige Werte annehmen.

Die in der Vergangenheit in Verbindung mit diesen Dimensionsbegriffen erzielten Resultate wurden vor einigen Jahren durch die Arbeiten von Mandelbrot zu neuem Leben erweckt. Er nutzt diese "gebrochenen" Dimensionen zur Charakterisierung von fraktalen Mengen. Da insbesondere die Hausdorff-Dimension sehr eng mit der Fraktalen Geometrie verknüpft ist, bezeichnet er diesen Dimensionsbegriff auch als die fraktale Dimension. Dies hat in der Vergangenheit zu einiger Verwirrung geführt, da verschiedene Wissenschaftler den Begriff der fraktalen Dimension als ein Synonym für alle gebrochenen Dimensionen verstanden.

Eine erste praktische Anwendung fanden die gebrochenen Dimensionen als Meßgrößen von fraktalen Mengen im Bereich der Metallurgie zur Bewertung technischer Oberflächen [7]. Aufgrund der engen Beziehung zwischen Fraktalen einerseits und der Struktur vieler natürlicher Erscheinungen andererseits ist es nicht verwunderlich, daß die Fraktale

Geometrie auch in vielen anderen Wissenschaftsbereichen Eingang gefunden hat. Dazu gehören Physik, Chemie, Biologie, Statistik, Astronomie, Meteorologie und Ökonomie.

Ein technisches Arbeitsgebiet, in dem die Fraktale Geometrie in den letzten Jahren verstärkt zur Anwendung kam, ist die rechnerunterstützte Bildverarbeitung. Die Theorie der fraktalen Mengen wurde in diesem Bereich ursprünglich genutzt, um Bilder zur Simulation natürlicher Objekte zu generieren. Mittlerweile wird die Fraktale Geometrie und mit ihr die gebrochenen Dimensionen auch zur numerischen Auswertung von digitalen Bilddaten eingesetzt. Ein Zweig der Bildverarbeitung, die Texturklassifikation, setzt sich mit der Analyse von in Bildern vorliegenden irregulären Oberflächenstrukturen zu klassifizierender Objekte auseinander. Die Interpretation solcher Strukturen als fraktale Mengen erlaubt es, die zugrundeliegende Textur mittels einer zugehörigen gebrochenen Dimension zu kennzeichnen . Die vorliegende Arbeit soll zeigen, daß die Ideen und Verfahren, die der Fraktalen Geometrie zugrundeliegen, gerade in diesem Bereich mit großem Nutzen eingesetzt werden können. Ziel der Arbeit ist letztendlich die Bereitstellung mathematisch fundierter Verfahren zur Skalenanalyse von solchen Texturen.

Die Definitionen der verschiedenen in dieser Arbeit untersuchten Dimensionsbegriffe basieren auf einer Betrachtung des auszuwertenden Objektes auf immer feiner werdender Skala. Während diese Vorgehensweise für mathematische Fraktale sinnvoll ist, bei jeder noch so klein gewählten Auflösung erscheint die Menge erneut als komplexe Struktur, ist man bei einer technischen Anwendung gezwungen, den Skalenbereich, innerhalb dessen die Analyse erfolgen soll, sehr stark einzuengen.

Diese Einschränkung ist zum einen dadurch gegeben, daß eine numerische Berechnung weder auf unendlich vielen noch auf beliebig kleinen Skalen erfolgen kann. Zum anderen handelt es sich bei den zu untersuchenden Strukturen meist nicht um Fraktale im engen mathematischen Sinn, sondern um "natürliche" bzw. "diskrete" Fraktale. In diesem Fall ist eine untere Skalengrenze durch das Objekt selbst vorgegeben, unterhalb der eine Skalenbetrachtung nicht mehr als sinnvoll erscheint. Für ein natürliches Fraktal ist diese Grenze die "atomare Skala": spätestens hier werden Begriffe wie Oberfläche oder geometrische Struktur hinfällig. Diskretisierte Fraktale, also Mengen, die man durch Abtastung von mathematischen bzw. natürlichen Fraktalen in endlich vielen Punkten erhält, besitzen eine solche untere Grenze in Form der durch die Abtastrate vorgegebenen Auflösung. Bei einer Betrachtung auf einer Skala kleiner als diese Auflösung geht jegliche Information über die eigentliche fraktale Struktur verloren: das diskretisierte Fraktal erscheint nur noch als endliche Punktmenge.

Das so analysierte Skalenverhalten muß nicht unbedingt direkt mit der gebrochenen Dimension des Fraktals in Verbindung stehen. Da die Skalenanalyse nur bis zu einer festen unteren Grenze erfolgt, kommen Änderungen des Skalenverhaltens des eigentlichen Fraktals auf sehr feiner Skala nicht zum Tragen.

Sowohl für mathematische als auch für natürliche bzw. diskretisierte Fraktale müssen also aus den erwähnten Gründen Verfahren zur Berechnung einer gebrochenen Dimension im allgemeinen fehlschlagen. Dennoch kann durch diese berechnete "Dimension" das Skalenverhalten einer Struktur wenigstens auf einem beschränkten Skalenbereich beschrieben werden. Der Definition dieser Skalenbereiche wird in der Arbeit ein wesentliches Augenmerk geschenkt.

Das Kapitel 2, welches sich wie das dann folgende Kapitel 3 mit der Analyse fraktaler Mengen in einem streng mathematischen Sinn beschäftigt, soll dazu dienen, verschiedene gebrochene Dimensionen vorzustellen, die zur Klassifikation fraktaler Mengen geeignet sind. Unter der Voraussetzung bestimmter Eigenschaften des zugrundeliegenden (metrischen) Raums wird die Äquivalenz verschiedener Dimensionsbegriffe aufgezeigt.

In Kapitel 3 wird detailliert auf die Grundelemente der Fraktalen Geometrie eingegangen. Hierzu dient das Studium einer wichtigen Klasse von fraktalen Strukturen, der strikt selbstähnlichen Mengen. Sind dies Formen, die auf allen Skalenbereichen ein gleiches Skalenverhalten, eine gleichförmige Struktur aufweisen, so ist der Gegenstand der Theorie der Multi-Fraktale unter anderem das Studium von Mengen, deren fraktale Natur vom jeweiligen (räumlichen) Beobachtungsstandort abhängt. Während das fraktale Verhalten von strikt selbstähnlichen Mengen durch den Wert einer gebrochenen Dimension hinreichend genau beschrieben werden kann, verlangen multi-fraktale Mengen zur vollständigen Charakterisierung nach "unendlich" vielen Dimensionswerten. Hierzu wurden in der Vergangenheit verschiedene Ansatzpunkte erarbeitet, die in diesem Kapitel erläutert werden. Darauf aufbauend wird ein neues Verfahren zur Kennzeichnung von multi-fraktalen Mengen mit Hilfe der Definition einer lokalen Hausdorff- bzw. lokalen Minkowski-Dimension entwickelt.

Der Gegenstand von Kapitel 4 ist die Diskussion verschiedener numerischer Verfahren zur Bestimmung gebrochener Dimensionen. Die dazu notwendigen Algorithmen werden am Beispiel der Kochkurve vorgestellt. Kochkurven sind mathematische Fraktale, deren Bildungsgesetz wohldefiniert ist und deren fraktale Dimension somit exakt angegeben werden kann. Der zweite Teil des Kapitels beschäftigt sich mit der Entwicklung eines neuen Verfahrens zur numerischen Berechnung eines Skalenexponenten, der wie eine gebrochene Dimension in engem Zusammenhang mit der Fraktalität einer Menge steht. Die Grundidee dieses Verfahrens besteht darin, die zu analysierende Struktur mit einer Gaußfunktion mit stetig veränderbarem Skalenparameter zu falten. Dadurch gelangt man zu einer Folge von geglätteten Versionen des ursprünglichen Signals, mit deren Hilfe das Skalenverhalten studiert werden kann. Die Begründung, gerade Gaußfunktionen zum Studium des Skalenverhaltens einzusetzen, liegt in mittlerweile wohlverstandenen Eigenschaften dieses Faltungskerns. Diese Eigenschaften werden dargestellt.

Ein Anwendungsbereich dieses neuen Verfahrens zur Fraktalanalyse wird in Kapitel 5 besprochen. Es handelt sich um die automatische Bewertung von Texturen in Bildern, eine der Grundaufgaben der digitalen Bildverarbeitung. Insbesondere wird der Einsatz der Skalenanalyse zur Textursegmentation und -klassifikation diskutiert. Die Textursegmentation dient dazu, ein Bild in Bereiche gleicher Textur zu unterteilen. Als texturbeschreibendes Merkmal dient der lokale Skalenexponent. Die Textursegmentation erlaubt unter anderem die Automatisierung vieler Sichtprüfaufgaben zur Qualitätskontrolle von industriell hergestellten bzw. verarbeiteten Produkten. Die mittels des entwickelten Verfahrens erzielbaren Resultate zur Detektion von Fehlstellen an solchen Waren werden an verschiedenen Beispielen illustriert.

2 Maße und Dimensionen

In einigen Teilbereichen der Mathematik ist es von Interesse, die "Größe" einer Menge berechnen, bewerten oder wenigstens abschätzen zu können. So gehört der Begriff des Volumens eines Körpers zu den elementarsten Begriffen der Analysis des Unendlichen [6]. Ein auf eine recht allgemeine Klasse von Punktmengen anwendbarer und einfach auf beliebigdimensionale Euklidsche Räume zu verallgemeinernder Begriff des Volumens stellt dabei das bekannte Lebesgue-Maß dar. Schwieriger ist es, ein hinreichend allgemeines Maß wie die Länge einer Kurve oder den Oberflächeninhalt einer Fläche für die in einem derartigen Raum eingebetteten geometrischen Objekte niederer Dimension zu definieren. Ein Ansatzpunkt, der ursprünglich von Minkowski herrührt, besteht darin, die Begriffe Länge und Oberfläche auf den des Volumens zurückzuführen. Ist beispielsweise eine Kurve im Raum $\Re^3$ gegeben, so denke man sich um jeden Punkt der Kurve eine Kugel mit Radius r. Das Volumen dieses Körpers, soweit es existiert, geteilt durch πr^2, der Querschnittsfläche der Kugel, sollte für immer kleiner werdendes r gegen die Länge der Kurve streben. Eine Verallgemeinerung dieses "Meß"-Verfahrens stammt von Bouligand [8]. Einer Teilmenge A des N-dimensionalen Euklidschen Raumes $\Re^N$ wird ein Inhalt zugeordnet, indem geglättete Versionen A_r von A,

$$A_r \stackrel{\text{def}}{=} clos(\bigcup_{x \in A} B(x,r)) = \{x \in \Re^N : d(x,A) \leq r\},$$

analysiert werden.

Hier wie auch im folgenden bezeichne $B(x,r)$ $(O(x,r))$ die abgeschlossene (offene) Kugel mit Mittelpunkt x und Radius $r > 0$, $clos$ die abgeschlossene Hülle der Vereinigungsmenge. Der obere bzw. untere m-dimensionale Minkowski-Inhalt der Menge A $(0 \leq m \leq N)$ kann wie folgt definiert werden:

$$\mathcal{M}_*^m(A) \stackrel{\text{def}}{=} \liminf_{r \to 0+} \frac{\mathcal{L}^N(A_r)}{\alpha(N-m)(2r)^{N-m}} \quad ,$$

$$\mathcal{M}^{*m}(A) \stackrel{\text{def}}{=} \limsup_{r \to 0+} \frac{\mathcal{L}^N(A_r)}{\alpha(N-m)(2r)^{N-m}} \quad ,$$

mit $\alpha(k) = \frac{\Gamma(\frac{1}{2})^k}{\Gamma(\frac{k}{2}+1)2^k}$ und $\mathcal{L}^N$ das N-dimensionale Lebesgue-Maß. Da die geglätteten Versionen A_r von A definitionsgemäß abgeschlossen sind, ist das Lebesgue-Maß definiert.

Stimmen der obere und der untere Inhalt überein, so wird mit $\mathcal{M}^m = \mathcal{M}^{*m} = \mathcal{M}_*^m$ der m-dimensionale Inhalt von A bezeichnet.

Minkowski konnte für alle euklidschen Standardfiguren die Existenz eines ganzzahligen Wertes D nachweisen, so daß für alle $m > D$ der obere m-dimensionale Inhalt verschwindet und für alle $m < D$ der untere m-dimensionale Inhalt unendlich ist.

Carathéodory nutzte einen anderen Ansatzpunkt zur Definition seines m-dimensionalen Maßes in einem N-dimensionalen Raum (m ganzzahlig)[4]. Er gelangte zu einer geglätteten Version der Ursprungsmenge durch Übergang von der Menge zu der bestpassendsten Überdeckung mit Elementen, deren Durchmesser höchstens gleich einer vorgegebenen Zahl sind. Mit Hilfe dieser Überdeckungen kann das äußere m-dimensionale Maß L^{*m} einer (beschränkten) Menge A im N-dimensionalen Raum $\Re^N$ wie folgt definiert werden: sei $A \subseteq \Re^N$ beliebig, $r > 0$ und $U_1, U_2, \ldots$ eine Folge von endlich oder abzählbar unendlich vielen Punktmengen mit

$$\text{a) } A \subseteq \bigcup_{i=1}^{\infty} U_i$$

$$\text{b) } d_i = diamU_i \overset{\text{def}}{=} sup_{x,y \in U_i} d(x,y) \leq r \quad (i = 1, 2, \ldots).$$

Wir betrachten die untere Grenze der Summen $d_1^m + d_2^m + \ldots$ der Durchmesser d_i für alle Folgen $U_1, U_2, \ldots$, die den Bedingungen a) und b) genügen. Die untere Grenze, die auch den Wert unendlich annehmen kann, wird mit $L_r^m(A)$ bezeichnet:

$$L_r^m(A) \overset{\text{def}}{=} inf\{\sum_{i=1}^{\infty} (diamU_i)^m; A \subseteq \bigcup_{i=1}^{\infty} U_i, diamU_i \leq r\}$$

Mit abnehmendem r werden die Bedingungen, denen beliebige U_i genügen müssen, immer schärfer. Die Zahl $L_r^m(A)$ kann also für abnehmendes r nicht kleiner werden. Damit existiert der Limes

$$L^m(A) \overset{\text{def}}{=} \lim_{r \to 0+} L_r^m(A)$$

Die Zahl $L^m(A)$ ist für jede Punktmenge A eindeutig definiert und wird als äußeres m-dimensionales Maß bezeichnet.

Eine Erweiterung dieses Maßbegriffs wurde durch Hausdorff vorgenommen, indem er auch nichtganzzahlige Exponenten m zuließ und einen beliebigen metrischen Einbettungsraum zugrunde legte [5]. Das aus dieser Erweiterung resultierende Maß wird als Hausdorff-Maß bezeichnet:

sei X ein beliebiger, mit einer Metrik d versehener Raum, A eine beliebige Teilmenge von X und m eine nichtnegative, reellwertige Zahl. Dann ist

$$\mathcal{H}_r^m(A) \overset{\text{def}}{=} inf\{\sum_{i=1}^{\infty} (diamU_i)^m; A \subseteq \bigcup_{i=1}^{\infty} U_i, diamU_i \leq r\}$$

und das m-dimensionale Hausdorff-Maß von A

$$\mathcal{H}^m(A) \overset{\text{def}}{=} \lim_{r \to 0+} \mathcal{H}^m_r(A) \quad .$$

Das m-dimensionale Hausdorff-Maß besitzt folgende Eigenschaften:

a) $\mathcal{H}^m$ ist ein äußeres Maß:

- $\mathcal{H}^m(\emptyset) = 0$
- $\mathcal{H}^m(A) \le \mathcal{H}^m(B)$ für $A \subseteq B \subseteq X$
- $\mathcal{H}^m$ist subadditiv,

$$\mathcal{H}^m(\bigcup_{i=1}^{\infty} A_i) \le \sum_{i=1}^{\infty} \mathcal{H}^m(A_i) \text{ mit } A_i \subseteq X \text{ beliebig } (i = 1, 2, \ldots).$$

b) $\mathcal{H}^m$ ist ein metrisches Maß:

$A, B \subseteq X$ beliebig, $\quad d(A, B) = \inf_{x \in A, y \in B} d(x, y) > 0$

$\Rightarrow \mathcal{H}^m(A \cup B) = \mathcal{H}^m(A) + \mathcal{H}^m(B).$

c) Jede Borelmenge E in X ist $\mathcal{H}^m$-meßbar:

für jede Teilmenge A von X gilt $\mathcal{H}^m(A) = \mathcal{H}^m(A \cap E) + \mathcal{H}^m(A \backslash E).$

Jede beliebige Teilmenge von X wird durch E additiv zerlegt.

d) $\mathcal{H}^m$ ist ein reguläres Maß:

für alle Teilmengen E von X existiert eine $\mathcal{H}^m$-meßbare Menge $A \subseteq X$ mit $E \subseteq A$ und $\mathcal{H}^m(E) = \mathcal{H}^m(A).$

e) Sei speziell X der N-dimensionale Euklidsche Raum $\mathfrak{R}^N$ und E eine beliebige Teilmenge von X. Dann ist das N-dimensionale äußere Lebesgue Maß von E bis auf eine positive endliche Konstante gleich dem N-dimensionalen Hausdorff-Maß von E [9].

Der Übergang zu nichtganzzahligen Exponenten m führt keineswegs nur zu Trivialitäten (d.h. Hausdorff-Maß null oder unendlich), wie folgendes Beispiel zeigt.

Sei

$$E_0 = \qquad\qquad [0, 1]$$

$$E_1 = \qquad [0, \tfrac{1}{3}] \cup [\tfrac{2}{3}, 1]$$

$$E_2 = [0, \tfrac{1}{9}] \cup [\tfrac{2}{9}, \tfrac{1}{3}] \cup [\tfrac{2}{3}, \tfrac{7}{9}] \cup [\tfrac{8}{9}, 1]$$

$$\vdots$$

Man erhält E_{j+1} aus E_j durch Entfernung des mittleren Drittels aus jedem Intervall von E_j. Die Menge $E = \bigcap_{j=0}^{\infty} E_j$ wird als Cantormenge bezeichnet.

Für die Cantormenge E gilt $\mathcal{H}^D = 1$ mit $D = \frac{\log 2}{\log 3}$ und $\mathcal{H}^m(E) = \infty$ für $m < D$ und $\mathcal{H}^m(E) = 0$ für $m > D$ [5].

Allgemein kann gezeigt werden, daß für jede beliebige Teilmenge E eines metrischen Raumes X eine reelle, nichtnegative Zahl $D(E)$ existiert mit der Eigenschaft

$$\mathcal{H}^m(E) = \begin{cases} \infty & ,0 \leq m < D(E); \\ 0 & ,m > D(E). \end{cases}$$

$D(E)$ ist durch diese Eigenschaft eindeutig bestimmt und wird als Hausdorff-Dimension $dim E$ von E bezeichnet.

Für die Cantormenge ergibt sich somit die nichtganzzahlige Hausdorff-Dimension

$$D(E) = \log 2 / \log 3.$$

Ein weiteres Beispiel einer Menge mit nichtganzzahliger Dimension D ist in Bild 1 dargestellt, die sogenannte Kochkurve.

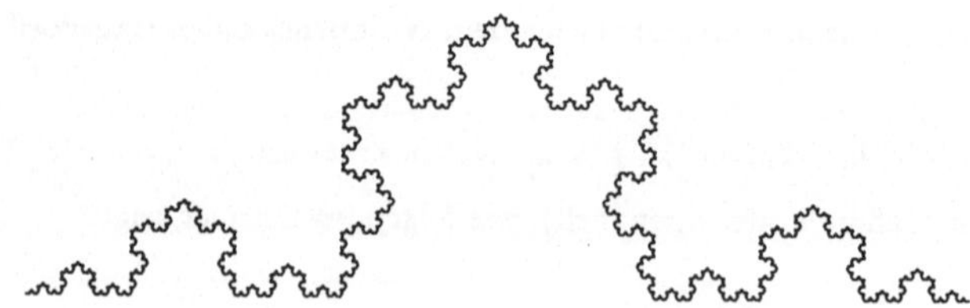

Bild 1: Kochkurve

Die Hausdorff-Dimension der Kochkurve ist $D = \log 4 / \log 3$.

Wir wollen im folgenden einige Eigenschaften der Hausdorff-Dimension studieren, wobei ein metrischer Raum (X, d) zugrundegelegt sei:

1) Sei $A \subseteq X$ beliebig. Wenn ein $d \geq 0$ existiert derart, daß das d-dimensionale Hausdorff-Maß von A positiv und endlich ist, so ist d gerade die Hausdorff-Dimension von A.

Beweis

Seien m, m' nichtnegative Zahlen mit $m < m'$. Dann gilt (mit $\delta > 0$ beliebig)

$$\mathcal{H}_\delta^m(A) \geq \delta^{m-m'} \mathcal{H}_\delta^{m'}(A) \quad [9].$$

Daraus folgt aber, für $m < d$, $\mathcal{H}^m(A) = \infty$ und, für $m' > d$, $\mathcal{H}^{m'}(A) = 0$, also gerade die Behauptung.

Bemerkung

Über das Hausdorff-Maß für $m = D$ läßt sich keine allgemeine Aussage machen; es kann 0, endlich oder ∞ sein.

2) Sei $A \subseteq B \subseteq X$. Dann gilt $dimA \leq dimB$.

Beweis

Da das Hausdorff-Maß ein äußeres Maß ist, folgt sofort die Behauptung.

3) Sei A eine beliebige Teilmenge von X mit $A = \bigcup_{i=1}^{\infty} A_i$. Dann gilt

$$dimA = \sup\{dimA_i\}_{i=1}^{\infty}$$

Beweis

a) Da $A_i \subseteq A$ ist für alle $i = 1, 2, \ldots$ gilt nach der eben bewiesenen Tatsache $dimA \geq dimA_i$ und somit $dimA \geq \sup\{dimA_i\}_{i=1}^{\infty}$.

b) Sei $m > \sup\{dimA_i\}_{i=1}^{\infty}$ beliebig. Dann gilt $m > dimA_i$ für alle i, also $\mathcal{H}^m(A_i) = 0$. Da das Hausdorff-Maß ein äußeres Maß ist, folgt sofort

$$\mathcal{H}^m(A) = \mathcal{H}^m(\bigcup_{i=1}^{\infty} A_i)$$
$$\leq \sum_{i=1}^{\infty} \mathcal{H}^m(A_i) = 0$$

Daraus folgt aber $dimA \leq m$ und damit, da m beliebig gewählt war,

$$dimA \leq \sup\{dimA_i\}_{i=1}^{\infty}.$$

Aus a) und b) folgt die Behauptung.

4) Die Hausdorff-Dimension ist bei vorgegebener Metrik d unabhängig vom Einbettungsraum.

<u>Beweis</u>

Sei (X, d) ein metrischer Raum, S eine beliebige Teilmenge von X und d_S die von X induzierte Metrik auf S. Wir wollen die Hausdorff-Dimension von S in (X, d) und in (S, d_S) untersuchen.

Sei dazu $\delta > 0$ beliebig, $\{E_i\}_{i=1}^{\infty}$ eine Überdeckungsmenge von S in X mit $diamE_i \leq \delta$ und $E_i \cap S \neq \emptyset$. Dann ist $\{E_i \cap S\}_{i=1}^{\infty}$ eine Überdeckungsmenge von S in S mit $diam(E_i \cap S) \leq \delta$. Dies bedeutet aber gerade, daß das m-dimensionale Hausdorff-Maß von S in X größer oder gleich dem m-dimensionalen Hausdorff-Maß von S in S ist, mit beliebigem positiven m. Umgekehrt gilt diese Beziehung auch, da jede Überdeckungsmenge von S in S auch Überdeckungsmenge von S in X ist. Damit folgt aber gerade die Behauptung.

5) Sei speziell X der N-dimensionale Euklidsche Raum. Dann ist für jede beliebige Teilmenge von X die Hausdorff-Dimension höchstens gleich N.

<u>Beweis</u>

Nach Bemerkung 2) genügt es zu zeigen, daß gilt: $dimX = N$.
Sei hierzu $Q^N \subseteq \Re^N$, wobei Q die Menge aller rationalen Zahlen ist. Q^N ist abzählbar, $Q^N = \{q_1, q_2, \ldots\}$. Sei $B(q_i, 1)$ die N-dimensionale Kugel mit Mittelpunkt q_i und Radius 1.
Es ist

$$0 < \mathcal{L}^N(B(q_i, 1)) < \infty$$

und damit

$$0 < \mathcal{H}^N(B(q_i, 1)) < \infty$$

also

$$dimB(q_i, 1) = N.$$

Da sich X als Vereinigung aller dieser (abzählbar vielen) Kugeln darstellen läßt, folgt mit Bemerkung 3) die Behauptung.

Zu einem anderen Maß gelangt man, wenn man in der Definition des m-dimensionalen Hausdorff-Maßes nur Überdeckungsmengen zuläßt, deren Elemente E_i abgeschlossene Kugeln sind. Das somit definierte Maß wird als m-dimensionales sphärisches Maß S^m bezeichnet. Für das sphärische Maß und das Hausdorff-Maß gilt im Euklidschen Raum $\Re^N$ folgende Beziehung [10]:

$$\mathcal{H}^m \leq S^m \leq 2^m \mathcal{H}^m$$

Aus dieser Relation folgt unmittelbar, daß die Hausdorff-Dimension im $\Re^N$ auch mittels des sphärischen Maßes definiert werden kann.

In die obige Beziehung läßt sich auch der untere bzw. obere Minkowski-Inhalt einbeziehen [11] (mit positiven Konstanten c_k^1, c_k^2 und A eine beliebige Teilmenge des $\Re^N$):

$$c_m^1 \mathcal{S}^m(A) \leq \mathcal{H}^m(A) \leq \mathcal{S}^m(A) \leq c_m^2 \mathcal{M}_*^m(A) \leq c_m^2 \mathcal{M}^{*m}(A) \,.$$

Analog zur Definition der Hausdorff-Dimension kann auch die untere (obere) Minkowski-Dimension $\mathcal{M}_*\text{-}dim$ ($\mathcal{M}^*\text{-}dim$) als "Sprungstelle" des unteren (oberen) Minkowski-Inhalts von Unendlich nach Null eingeführt werden.

Im Gegensatz zur Hausdorff-Dimension läßt sich die untere bzw. obere Minkowski-Dimension für jede beliebige Menge $A \subseteq \Re^N$ als geschlossener Ausdruck angeben, denn es ist:

$$\mathcal{M}_*\text{-}dim A = N - \limsup_{r \to 0+} \frac{\ln \mathcal{L}^N(A_r)}{\ln r}$$

$$= \liminf_{r \to 0+} \frac{\ln \left(\mathcal{L}^N(A_r)/r^N\right)}{\ln \frac{1}{r}}$$

$$\left(\mathcal{M}^*\text{-}dim A = N - \liminf_{r \to 0+} \frac{\ln \mathcal{L}^N(A_r)}{\ln r}\right)$$

<u>Beweis</u> (hier für die untere Minkowski-Dimension, für die obere ist der Beweis analog)

a) Sei $0 \leq m \leq N$ beliebig mit

$$\mathcal{M}_*^m(A) = \frac{1}{\alpha(N-m)} \liminf_{r \to 0+} \frac{\mathcal{L}^N(A_r)}{(2r)^{N-m}} = 0.$$

Es existiert eine Nullfolge $\{r_n\}_{n=1}^\infty$ mit der Eigenschaft

$$\lim_{n \to \infty} \frac{\mathcal{L}^N(A_{r_n})}{r_n^{N-m}} = 0 \quad.$$

Für jede positive Zahl ϵ existiert eine natürliche Zahl M derart, daß für alle $n > M$ gilt

$$\frac{\mathcal{L}^N(A_{r_n})}{r_n^{N-m}} < \epsilon$$

bzw.

$$\ln \mathcal{L}^N(A_{r_n}) - \ln \epsilon < (N-m) \ln r_n.$$

Daraus folgt

$$m \geq N - \limsup_{r \to 0+} \frac{\ln \mathcal{L}^N(A_r)}{\ln r}$$

b) Sei $0 \leq m \leq N$ beliebig mit $\mathcal{M}_*^m(A) = \infty$.

Für jede positive Zahl $B > 1$ existiert eine positive Zahl R so, daß für alle $r \leq R$ gilt

$$\frac{\mathcal{L}^N(A_r)}{r^{N-m}} > B$$

bzw.

$$\ln \mathcal{L}^N(A_r) - (N - m)\ln r > \ln B.$$

Daraus folgt

$$m \leq N - \limsup_{r \to 0+} \frac{\ln \mathcal{L}^N(A_r)}{\ln r}$$

Aus a) und b) folgt die Behauptung.

Aufgrund der obigen Beziehung zwischen Hausdorff-Maß und Minkowski-Inhalt gilt für jede Teilmenge A von $\Re^N$:

$$0 \leq \dim A \leq \mathcal{M}_*\text{-}dimA \leq \mathcal{M}^*\text{-}dimA \leq N.$$

Diese Relation läßt sich nicht verschärfen, wie folgendes Beispiel zeigt.

Wir betrachten die Menge A aller rationalen Zahlen im Einheitsintervall,

$$A = [0,1] \cap \mathcal{Q}.$$

A ist abzählbar, $A = \{q_1, q_2, \ldots\}$ und somit ist die Hausdorff-Dimension von A gleich Null. Andererseits ist A dicht in $[0, 1]$, d.h. es ist (mit $r > 0$ beliebig) $A_r = [-r, 1+r]$. Damit gilt für die untere (obere) Minkowski-Dimension:

$$\begin{aligned}
\mathcal{M}_*\text{-}dimA &= 1 - \limsup_{r \to 0+} \frac{\ln \mathcal{L}^1(A_r)}{\ln r} \\
&= 1 - \limsup_{r \to 0+} \frac{\ln(1 + 2r)}{\ln r} \\
&= 1 - \lim_{r \to 0+} \frac{\ln(1 + 2r)}{\ln r} \\
&= 1 \\
&= \mathcal{M}^*\text{-}dimA
\end{aligned}$$

Die Minkowski-Dimension von A ist Eins.

Der m-dimensionale untere bzw. obere Minkowski-Inhalt hängt wie das Lebesgue-Maß im Gegensatz zum Hausdorff-Maß vom Einbettungsraum ab [10]. Die untere bzw. obere Minkowski-Dimension ist jedoch unabhängig vom Einbettungsraum.

<u>Beweis</u>

Sei A eine beliebige Teilmenge des $(N-1)$-dimensionalen Euklidschen Raums $\Re^{N-1}$.
Definiere $A' \subseteq \Re^N$ durch $A' \overset{\text{def}}{=} A \times \{0\}$.

Zu zeigen ist $\mathcal{M}_*(A) = \mathcal{M}_*(A')$.

Sei hierzu r eine positive Zahl. Es ist

$$A_{r/2} \times [-\frac{r}{2}, \frac{r}{2}] \subseteq A'_r \subseteq A_r \times [-r,r],$$

also

$$r\mathcal{L}^{N-1}(A_{r/2}) \leq \mathcal{L}^N(A'_r) \leq \mathcal{L}^N(A_r \times [-r,r]) = 2r\mathcal{L}^{N-1}(A_r).$$

Wir wählen ein $p \geq 0$ mit der Eigenschaft $\mathcal{M}_*^p(A) = 0$, und nehmen an, daß

$$\mathcal{M}_*^p(A') > 0 \text{ gilt.}$$

Es ist also

$$\begin{aligned}
0 &< \liminf_{r \to 0+} \frac{\mathcal{L}^N(A'_r)}{\alpha(N-p)(2r)^{N-p}} \\
&\leq \liminf_{r \to 0+} \frac{2r\mathcal{L}^{N-1}(A_r)}{\alpha(N-p)(2r)^{N-p}} \\
&= \frac{\alpha(N-1-p)}{\alpha(N-p)} \mathcal{M}_*^p(A).
\end{aligned}$$

Dies ist aber ein Widerspruch.

Wir wählen ein $p \geq 0$ mit der Eigenschaft $\mathcal{M}_*^p(A) = \infty$, und nehmen an, daß
$\mathcal{M}_*^p(A') < \infty$ gilt.

Damit ist

$$\begin{aligned}
\infty &> \liminf_{r \to 0+} \frac{\mathcal{L}^N(A'_r)}{\alpha(N-p)(2r)^{N-p}} \\
&\geq \liminf_{r \to 0+} \frac{r\mathcal{L}^{N-1}(A_{r/2})}{\alpha(N-p)(2r)^{N-p}} \\
&= \frac{\alpha(N-1-p)}{\alpha(N-p)2^{N-p}} \mathcal{M}_*^p(A).
\end{aligned}$$

Dies ist wiederum ein Widerspruch und die obige Behauptung ist bewiesen.

Alle bisher eingeführten Maße bzw. Dimensionsbegriffe wurden mittels Bestimmung einer in einem bestimmten Sinne "bestpassendsten" unendlichen Überdeckungsmenge definiert. Für den Fall, daß sich für eine Menge immer eine endliche ϵ-Überdeckungsmenge für jedes beliebige positive ϵ angeben läßt, liegt folgende Definition einer Mengenfunktion nahe:

Definition Sei (X, d) ein metrischer Raum, A eine totalbeschränkte Teilmenge von X, d.h. zu jeder positiven Zahl ϵ existiert eine endliche Überdeckungsmenge mit Elementen aus X, deren Durchmesser höchstens gleich ϵ ist (ϵ-Überdeckung). Die minimale (endliche) Zahl von Mengen mit Durchmesser höchstens gleich ϵ, die zur Überdeckung von A notwendig sind, werde mit $N_A(\epsilon)$ bezeichnet. Die untere bzw. obere m-dimensionale (metrische) Mengenfunktion wird wie folgt definiert (mit $m \geq 0$):

$$\mathcal{I}_*^m(A) \overset{\text{def}}{=} \liminf_{\epsilon \to 0+} \epsilon^m N_A(\epsilon),$$

$$\mathcal{I}^{*m}(A) \overset{\text{def}}{=} \limsup_{\epsilon \to 0+} \epsilon^m N_A(\epsilon).$$

Die so definierten Mengenfunktionen sind positiv, monoton und für totalbeschränkte Teilmengen A, B von X mit positivem Abstand $\big(d(A, B) > 0\big)$ gilt

$$\mathcal{I}_*^m(A \cup B) = \mathcal{I}_*^m(A) + \mathcal{I}_*^m(B)$$

(analog obere metrische Mengenfunktion).

Wir wollen untersuchen, welche Werte die eben eingeführten Mengenfunktionen für eine feste Menge bei unterschiedlichem m annehmen können.

Lemma Sei A eine totalbeschränkte Teilmenge des metrischen Raumes X, $0 \leq p < q$ mit

$$\mathcal{I}_*^p(A) < \infty.$$

Dann gilt

$$\mathcal{I}_*^q(A) = 0.$$

<u>Beweis</u>

Nach Definition existiert eine Nullfolge $\{\epsilon_i\}_{i=1}^{\infty}$ $(\epsilon < 1)$ mit

$$\lim_{i \to \infty} \epsilon_i^p N_A(\epsilon_i) < \infty.$$

Damit ist (wegen $\epsilon_i^q < \epsilon_i^p$)

$$\lim_{i \to \infty} \epsilon_i^q N_A(\epsilon_i) = \lim_{i \to \infty} \epsilon_i^{q-p} \epsilon_i^p N_A(\epsilon_i) = 0.$$

Lemma Sei A, p, q wie oben mit $\mathcal{I}^{*p}(A) < \infty$.

Dann gilt

$$\mathcal{I}^{*q}(A) = 0.$$

<u>Beweis</u>

Nach Definition existiert eine nichtnegative Zahl M mit

$$\epsilon^p N_A(\epsilon) \le M \text{ für alle } \epsilon > 0.$$

Daraus folgt

$$\epsilon^q N_A(\epsilon) = \epsilon^{q-p} \epsilon^p N_A(\epsilon)$$
$$\le \epsilon^{q-p} M.$$

Der letzte Ausdruck konvergiert für abnehmendes ϵ gegen Null, womit die Behauptung bewiesen ist.

Beide Mengenfunktionen besitzen also eine für die Menge A eventuell charakteristische Sprungstelle, die wir mit $\underline{\dim}A$ bzw. $\overline{\dim}A$ bezeichnen wollen. Es gilt

$$\mathcal{I}_*^m(A) = \begin{cases} \infty & ,m < \underline{\dim}A; \\ 0 & ,m > \underline{\dim}A \end{cases}$$

bzw.

$$\mathcal{I}^{*m}(A) = \begin{cases} \infty & ,m < \overline{\dim}A; \\ 0 & ,m > \overline{\dim}A. \end{cases}$$

Ganz analog zur oberen und unteren Minkowski-Dimension finden wir auch hier

$$\underline{\dim}A = \liminf_{\epsilon \to 0+} \frac{\ln N_A(\epsilon)}{\ln 1/\epsilon},$$
$$\overline{\dim}A = \limsup_{\epsilon \to 0+} \frac{\ln N_A(\epsilon)}{\ln 1/\epsilon}.$$

Die Sprungstellen der (metrischen) Mengenfunktionen stimmen gerade mit der in [12] und [13] eingeführten unteren bzw. oberen metrischen Dimension überein.

Die untere bzw. obere metrische Dimension besitzt folgende Eigenschaft:

Satz Sei X ein beliebiger metrischer Raum und A eine totalbeschränkte Teilmenge. Für

$$A = \bigcup_{i=1}^N A_i$$

gilt

$$\underline{\dim}A = \max_{i-1,\ldots,N} \{\underline{\dim}A_i\}$$

(analog obere metrische Dimension).

<u>Beweis</u> (hier für untere metrische Dimension)

a) Es ist $\underline{\dim}A_i \leq \underline{\dim}A$ wegen $N_{A_i}(\epsilon) \leq N_A(\epsilon)$.

b) Sei $m > \max_{i=1,\ldots,N}\{\underline{\dim}A_i\}$ beliebig. Dann gilt

$$\mathcal{I}_*^m(A_i) = 0 \qquad (i = 1, \ldots, N).$$

Weiter gilt für beliebiges $\epsilon > 0$

$$N_A(\epsilon) \leq N_{A_1}(\epsilon) + \ldots + N_{A_N}(\epsilon),$$

also

$$\liminf_{\epsilon \to 0+} \epsilon^m N_A(\epsilon) \leq \liminf_{\epsilon \to 0+} \epsilon^m N_{A_1}(\epsilon) + \ldots + \liminf_{\epsilon \to 0+} \epsilon^m N_{A_N}(\epsilon) = 0.$$

Da $m > 0$ beliebig gewählt war, folgt

$$\underline{\dim}A \leq \max_{i=1,\ldots,N}\{\underline{\dim}A_i\}.$$

Eine Erweiterung des obigen Satzes auf abzählbar unendlich viele Mengen wie bei der Hausdorff-Dimension ist im allgemeinen nicht möglich:

> die Menge aller rationalen Zahlen im Einheitsintervall besitzt die metrische Dimension 1, während jedes Element für sich genommen die Dimension 0 hat.

Für das nun folgende wollen wir den N-dimensionalen Euklidschen Raum zugrundelegen und zur Überdeckung einer totalbeschränkten Menge A nur abgeschlossene Kugeln mit festem vorgegebenen Radius ϵ zulassen. Sei $M_A(\epsilon)$ die minimale Anzahl der dazu notwendigen Kugeln. Es gilt

$$N_A(2\epsilon)) \leq M_A(\epsilon) \quad \text{und}$$
$$M_A(\epsilon)) \leq N_A(\epsilon),$$

denn für eine beliebige nichtleere Teilmenge U des $\Re^N$ mit $diam\,U \leq \epsilon$ ist $U \subseteq B(\mathbf{x}, \epsilon)$ für ein beliebiges $\mathbf{x} \in U$.

Es gilt also, mit $m \geq 0$

$$(2\epsilon)^m N_A(2\epsilon) \leq 2^m \epsilon^m M_A(\epsilon) \leq 2^m \epsilon^m N_A(\epsilon).$$

Für $\mathcal{I}_*^m(A) = \infty$ ist damit

$$\tilde{\mathcal{I}}_*^m(A) \stackrel{\text{def}}{=} \liminf_{\epsilon \to 0+} \epsilon^m M_A(\epsilon) = \infty$$

bzw. für $\mathcal{I}_*^m(A) = 0$ gilt $\tilde{\mathcal{I}}_*^m(A) = 0$.

Damit ist aber

$$\underline{\dim} A = \liminf_{\epsilon \to 0+} \frac{\ln N_A(\epsilon)}{ln(1/\epsilon)} = \liminf_{\epsilon \to 0+} \frac{\ln M_A(\epsilon)}{ln(1/\epsilon)}.$$

Ganz analog folgt für die obere metrische Dimension

$$\overline{\dim} A = \limsup_{\epsilon \to 0+} \frac{\ln N_A(\epsilon)}{ln(1/\epsilon)} = \limsup_{\epsilon \to 0+} \frac{\ln M_A(\epsilon)}{ln(1/\epsilon)}.$$

Die durch die Mengenfunktion $\tilde{\mathcal{I}}_*^m$ bzw. $\tilde{\mathcal{I}}^{*m}$ definierte Dimension wird in der Literatur (siehe z. Bsp. [1]) auch als untere bzw. obere Entropiedimension bezeichnet.

Die im Euklidschen Raum $\Re^N$ zugrundegelegte Metrik ist die euklidsche Metrik, die für $\mathbf{x}, \mathbf{y} \in \Re^N$ mit $\mathbf{x} = (x_1, \ldots, x_N), \mathbf{y} = (y_1, \ldots, y_N)$ wie folgt definiert ist:

$$d(\mathbf{x}, \mathbf{y}) = \sqrt{(x_1 - y_1)^2 + \ldots + (x_N - y_N)^2}.$$

Der Einheitskreis bezüglich dieser Metrik ist gerade die N-dimensionale Kugel mit Radius 1. Durch

$$d'(\mathbf{x}, \mathbf{y}) = \max_{1 \leq i \leq N} (|x_i - y_i|)$$

wird ebenfalls eine Metrik auf $\Re^N$ definiert. Der Einheitskreis dieser Metrik ist der N-dimensionale Würfel mit Kantenlänge 2.

Für beide Metriken existiert folgender Zusammenhang: es gibt positive, endliche Zahlen c_1, c_2, so daß für alle Elemente $\mathbf{x}, \mathbf{y}$ des $\Re^N$ gilt

$$c_1 d(\mathbf{x}, \mathbf{y}) \leq d'(\mathbf{x}, \mathbf{y}) \leq c_2 d(\mathbf{x}, \mathbf{y}).$$

Sei wiederum A eine beliebige, totalbeschränkte Teilmenge des $\Re^N$, $M_A(\epsilon)$ die minimale Anzahl von Kugeln mit Radius ϵ, die zur Überdeckung von A notwendig sind (Kugeln bzgl. Metrik d), und $M'_A(\epsilon)$ die minimale Anzahl von Kugeln (Würfel) mit Radius ϵ bzgl. Metrik d'. Aus der obigen Ungleichung folgt unmittelbar

$$M'_A(c_1 \epsilon) \geq M_A(\epsilon) \geq M'_A(c_2 \epsilon).$$

Dies bedeutet aber, daß die Mengenfunktionen $\tilde{\mathcal{I}}_*^m$ bzw. $\tilde{\mathcal{I}}^{*m}$ im $\Re^N$ unabhängig von der Metrik (d, d') sind. Mit dieser Mengenfunktion ist aber auch die untere (obere) Entropiedimension, also letztendlich die untere (obere) metrische Dimension unabhängig von der Metrik.

Der Übergang von der euklidschen Metrik d zur Maximumsmetrik d' ermöglicht es uns, die Anzahl $M'_A(\epsilon)$ der zur Überdeckung einer Menge A notwendigen Kugeln mit Radius

ϵ bzw. die Entropiedimension einfach zu bestimmen. Wir führen zu diesem Zweck ein "Gitter" auf dem $\Re^N$ mit Maschenweite ϵ ein. Die Gitterelemente sind folgendermaßen definiert:

$$U_i = \{\mathbf{x} \in \Re^N : p_1^i \le x_1 < p_1^i + \epsilon, \ldots, p_N^i \le x_N < p_N^i + \epsilon\},$$

mit $p_j^i = k_j^i \epsilon, j = 1, \ldots, N; k_j^i$ ganzzahlig.

Die Mengen U_i sind halboffene, N-dimensionale Würfel mit Kantenlänge ϵ und Eckpunkten $P_i = (p_1^i, \ldots, p_N^i)$. Alle Gitterelemente sind zueinander disjunkt.

Dieses so definierte Gitter stellt eine sehr spezielle ϵ-Überdeckung dar, welche bei konkreten Berechnungen sehr viel einfacher zu handhaben ist als beliebige Überdeckungen. Es wäre wünschenswert, daß die Auswertung eines solchen Gitters zur Bestimmung der "Dimension" ausreichend ist. Dazu ist es notwendig, einen Zusammenhang zwischen den Gitterelementen und einem beliebigen n-dimensionalen Würfel mit Kantenlänge ϵ herzuleiten.

Lemma Sei $B(\mathbf{x}, \epsilon/2)$ eine beliebige Kugel im $\Re^{N+1}$ bzgl. der Metrik d' (ein Würfel). Dann haben genau 2^{N+1} der oben eingeführten Gitterelemente einen nichtleeren Schnitt mit B.

<u>Beweis</u> (Durch vollständige Induktion über N.)

Für $N = 1$ reduziert sich der Würfel zu einem Intervall; $[x - \epsilon/2, x + \epsilon/2]$ schneidet $2 = 2^1$ Gitterelemente (Gitterintervalle).

Sei $B(\mathbf{x}, \epsilon/2) \in \Re^{N+1}$,

$$B(\mathbf{x}, \epsilon/2) = [x_1 - \frac{\epsilon}{2}, x_1 + \frac{\epsilon}{2}] \times \ldots \times [x_{N+1} - \frac{\epsilon}{2}, x_{N+1} + \frac{\epsilon}{2}].$$

Wir nehmen an, daß

$$B(\mathbf{x}, \epsilon/2)|_{\Re^N} = [x_1 - \frac{\epsilon}{2}, x_1 + \frac{\epsilon}{2}] \times \ldots \times [x_N - \frac{\epsilon}{2}, x_N + \frac{\epsilon}{2}]$$

genau 2^N Gitterelemente des $\Re^N$ schneidet. Dann gilt aber, daß $B(\mathbf{x}, \epsilon)$ genau $2 \cdot 2^N = 2^{N+1}$ Gitterelemente des $\Re^{N+1}$ schneidet.

Mit Hilfe dieses Lemmas folgt sofort, daß

$$M'_A(2\epsilon) \le G_A(\epsilon) \le 2^{N+1} M'_A(2\epsilon) \,,$$

wobei $G_A(\epsilon)$ die Anzahl von Gitterelementen ist, die einen nichtleeren Schnitt mit einer totalbeschränkten Menge A haben.

Für die untere bzw. obere metrische Dimension ergibt sich:

$$\underline{dim}\,A = \liminf_{\epsilon \to 0+} \frac{\ln G_A(\epsilon)}{\ln 1/\epsilon}$$

$$\overline{dim}\,A = \limsup_{\epsilon \to 0+} \frac{\ln G_A(\epsilon)}{\ln 1/\epsilon}.$$

Die durch dieses Überdeckungsverfahren definierten Dimensionen, im $\Re^N$ vollkommen äquivalent zur oberen (unteren) metrischen Dimension und oberen (unteren) Entropiedimension, werden in der Literatur (siehe z.B. [14]) oft auch als Box-Dimension bzw. Kapazität bezeichnet.

Eine Frage, die hier noch nicht diskutiert wurde, beschäftigt sich mit der Äquivalenz der Minkowski-Dimension und beispielsweise der metrischen Dimension. Mit Hilfe der eben eingeführten Box-Dimension ist es möglich, einen solchen Zusammenhang herzustellen.

Lemma Für eine totalbeschränkte Teilmenge A des N-dimensionalen Euklidschen Raumes $\Re^N$ sind die untere (obere) Minkowski-Dimension und die untere (obere) metrische Dimension identisch.

<u>Beweis</u>

Sei $r > 0$ beliebig, A_r die Parallelmenge von A mit Abstand r,

$$A_r = \{ \mathbf{x} \in \Re^N : d(x, A) \le r \}.$$

Wie bereits erwähnt, existiert eine positive Konstante c derart, daß für alle $\mathbf{x}, \mathbf{y} \in \Re^N$ gilt: $d(\mathbf{x}, \mathbf{y}) \le c\, d'(\mathbf{x}, \mathbf{y})$. Bezeichne $G_A(r/c)$ die Anzahl der Gitterelemente mit Kantenlänge r/c, die einen nichtleeren Schnitt mit A haben.

Sei U ein solches Gitterelement, $A \cap U \ne \emptyset$.

Wir wählen ein beliebiges $\mathbf{x} \in U, \mathbf{y} \in A \cap U$.

Dann ist $d'(\mathbf{x}, \mathbf{y}) \le r/c$, also $d(\mathbf{x}, \mathbf{y}) \le c\, d'(\mathbf{x}, \mathbf{y}) \le r$.

Da $\mathbf{x} \in U$ beliebig gewählt war, folgt $U \subseteq A_r$. Daraus folgt

$$\mathcal{L}^N(A_r) \ge G_A(r/c)(r/c)^N$$

bzw.

$$\frac{\mathcal{L}^N(A_r)}{\alpha(N-m)(2r)^{N-m}} \ge \frac{1}{\alpha(N-m)2^{N-m}c^{N-m}}\left(\frac{r}{c}\right)^m G_A\!\left(\frac{r}{c}\right), \quad (0 \le m \le N).$$

Andererseits ist

$$A \subseteq \bigcup_{i=1}^{G_A(r/c)} U_i,$$

wobei U_i ein halboffener Würfel mit Mittelpunkt $\mathbf{x}_i$ und Kantenlänge r/c ist. Wir ersetzen die Menge U_i durch eine abgeschlossene Kugel $B(\mathbf{x}_i, 2r)$.

Dann gilt

$$A_r \subseteq \bigcup_{i=1}^{G_A(r/c)} B_i(\mathbf{x}_i, 2r),$$

Um dies nachzuvollziehen, wählen wir ein beliebiges $\mathbf{x} \in A_r$ und ein ϵ mit $0 < \epsilon \leq r/2$. Nach Definition von A_r existiert ein $\mathbf{y} \in A$ mit

$$d(\mathbf{x}, \mathbf{y}) \leq \epsilon + r.$$

Da $\mathbf{y}$ ein Element aus A ist, existiert ein U_j mit $\mathbf{y} \in U_j$, also

$$
\begin{aligned}
d'(\mathbf{y}, \mathbf{x}_j) &\leq \frac{r}{2c} \\
\Rightarrow d(\mathbf{y}, \mathbf{x}_j) &\leq \frac{r}{2} \\
\Rightarrow d(\mathbf{x}, \mathbf{x}_j) &\leq d(\mathbf{x}, \mathbf{y}) + d(\mathbf{y}, \mathbf{x}_j) \\
&\leq \frac{3}{2} r + \epsilon \\
&\leq 2r.
\end{aligned}
$$

Wir erhalten damit

$$\mathcal{L}^N(A_r) \leq G_A\left(\frac{r}{c}\right) r^N \, const,$$

$$\text{also} \quad \frac{\mathcal{L}^N(A_r)}{\alpha(N-m)(2r)^{N-m}} \leq \left(\frac{r}{c}\right)^m G_A\left(\frac{r}{c}\right) const.$$

Insgesamt folgt damit aber gerade die Behauptung.

Zusammengefaßt gelten für die einzelnen Dimensionsbegriffe im Euklidschen Raum folgende Beziehungen:

$$\text{Hausdorff-Dimension} \ = \ \text{``sphärische Dimension''}$$

und

$$
\begin{aligned}
\text{obere (untere) Minkowski-Dimension} \ &= \ \text{obere (untere) metrische Dimension} \\
&= \ \text{obere (untere) Entropie-Dimension} \\
&= \ \text{obere (untere) Box-Dimension.}
\end{aligned}
$$

Ein Zusammenhang zwischen der Hausdorff-Dimension und der Minkowski-Dimension kann nur in folgender abgeschwächter Form nachgewiesen werden [11]:

$$\text{Hausdorff-Dimension} \ \leq \ \text{untere Minkowski-Dimension.}$$

3 Fraktale Geometrie

Die meisten der im Zusammenhang mit nichtganzzahligen Dimensionen durchgeführten Untersuchungen sind schon mehr als 30 Jahre alt; zum Teil reichen sie sogar bis zum Jahre 1900 zurück. Daß Betrachtungen dieser Art heute wieder auf ein so breites Interesse stossen, ist nicht zuletzt auf Veröffentlichungen sowie populärwissenschaftliche Darstellungen des französischen Mathematikers Benoit B. Mandelbrot über die von ihm so benannte Theorie der Fraktalen Geometrie zurückzuführen. Diese Theorie beschäftigt sich mit der Analyse komplexer geometrischer Strukturen, wie sie in zahlreichen Erscheinungen in vielfältigsten Wissenschaftsbereichen auftreten. Sie wird in ihrer Bedeutung von mittels Rechnern erzeugten Bildern von hohem ästhetischen Reiz unterstützt, die auch vielen Nichtmathematikern die Schönheit der Mathematik vermitteln. Diese Bilder, als bekanntestes Beispiel sei die Mandelbrot-Menge angeführt, basieren meist auf unendlich oft angewendeten Rückkopplungsvorschriften. Als Grundelemente der Rückkopplung dienen hierbei nichtlineare Transformationen wie Quadrieren oder Wurzelziehen bzw. endliche Mengen von nichtlinearen affinen Abbildungen.

Die Objekte der Fraktalen Geometrie, die Fraktale, lassen sich am besten anhand einiger Eigenschaften beschreiben. Sie sind unregelmäßig, zersplittert und besitzen auf allen "Größenbereichen" einen hohen Grad an Irregularität, viele Formen sind skaleninvariant.

Schon aus dieser Aufzählung wird klar, daß die Mengen der Fraktalen Geometrie viel eher zur Beschreibung natürlicher Objekte und Phänomene geeignet sind als die Elemente der klassischen Euklidschen Geometrie. Mandelbrot beschreibt dies wie folgt [1]:

Wolken sind keine Kugeln, Berge keine Kegel, Küstenlinien keine Kreise. Die Rinde ist nicht glatt - und auch der Blitz bahnt sich seinen Weg nicht gerade.

Einige Objekte, die wir heute den fraktalen Mengen zuordnen, beschäftigten die Mathematiker bereits Ende des vorigen Jahrhunderts. Unter anderem waren dies die bereits erwähnte Kochkurve, die Cantor-Menge, sowie die überall stetige aber nirgends differenzierbare Weierstrass-Funktion. Diese Strukturen wurden damals als "pathologisch" und als "Galerie von Monstern" abgetan [1].

Durch seine Arbeiten gelang es Mandelbrot, die Monster, wie er sagt, zu "zähmen". Eine erste Voraussetzung hierzu war, Fraktale mathematisch klar gegenüber anderen Strukturen abzugrenzen. Hierzu diente und dient die folgende vorläufige

Definition Eine Teilmenge eines metrischen Raumes heißt ein Fraktal, wenn ihre Hausdorff-Dimension echt größer ist als ihre topologische Dimension.

Leider zeigt es sich aber, daß Mengen existieren, die man intuitiv sofort als fraktal kennzeichnen würde, die aber aufgrund obiger Definition von dieser Klasse ausgeschlossen
sind. Ein Beispiel einer solchen Menge ist die in [1] erwähnte Cantorsche Teufelstreppe
(Bild 2). Nicht zuletzt wegen ihr sucht Mandelbrot, die Definition der Fraktale zu mo-
difizieren.

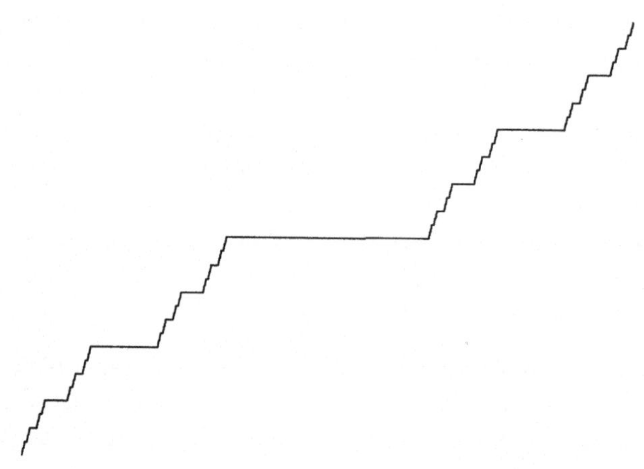

Bild 2: Cantorsche Teufelstreppe

Die im vorigen Kapitel diskutierten Dimensionsbegriffe können als ein Merkmal zur Klassifikation von fraktalen Mengen dienen. Aufgrund der besonderen Bedeutung, die der
Hausdorff-Dimension bei der Definition der Fraktale zukommt, bezeichnet Mandelbrot
diese auch als fraktale Dimension. Viele Wissenschaftler weiten diesen Begriff auf alle
anderen Dimensionen aus. Die Untersuchungen im vorigen Kapitel zeigen jedoch, daß
dies in vielen Fällen unzulässig ist. Um mögliche Unklarheiten zu vermeiden, werden die
verschiedenen Dimensionen in dieser Arbeit gemäß Mandelbrot allgemein als gebrochene
Dimensionen (engl. fractional dimension) bezeichnet.

Um die Menge der Fraktale etwas näher kennenzulernen, wird eine wichtige Untermenge
näher dargestellt und untersucht: die der selbstähnlichen fraktalen Mengen. Sie sind
dadurch gekennzeichnet, daß, grob gesprochen, jede Teilmenge ein verkleinertes Abbild
der Gesamtmenge darstellt.

Definition Sei (X, d) ein metrischer Raum, S eine bijektive Abbildung von X auf X. S heißt Kontraktionsabbildung, wenn eine positive Zahl r kleiner als 1 existiert, so daß für alle Elemente x, y aus X gilt

$$d\big(sS(x), S(y)\big) \leq r \cdot d(x, y).$$

Ist speziell

$$d\big(S(x), S(y)\big) = r \cdot d(x, y)$$

für alle x, y aus X, so heißt S eine Selbstähnlichkeitsabbildung; r wird als Lipschitzkonstante der Kontraktionsabbildung S bezeichnet.

Definition Sei (X, d) wie oben, $S = \{S_1, \ldots, S_K\}$ eine Menge von Kontraktionsabbildungen.

- Eine Menge $A \subseteq X$ heißt invariant bzgl. S, wenn gilt

$$A = \bigcup_{i=1}^{K} S_i(A).$$

- Sind die Kontraktionsabbildungen Selbstähnlichkeitsabbildungen und ist A invariant bzgl. S und existiert weiterhin eine nichtnegative Zahl s mit

$$\mathcal{H}^s(A) > 0 \quad \text{und} \quad \mathcal{H}^s\big(S_i(A) \cap S_j(A)\big) = 0 \quad \text{für } i \neq j,$$

so heißt A selbstähnlich.

- Sei $S = \{S_1, \ldots, S_K\}$ eine Menge von Selbstähnlichkeitsabbildungen mit Lipschitzkonstanten $r_1, \ldots, r_K$. Die durch

$$\sum_{i=1}^{K} r_i^D = 1$$

definierte positive Zahl D heißt Selbstähnlichkeitsdimension von S.

Wir wollen kurz auf die wichtigsten Eigenschaften einer Menge $S = \{S_1, \ldots, S_K\}$ von Kontraktionsabbildungen eingehen, wobei wir den N-dimensionalen Euklidschen Raum zugrundelegen. Sei hierzu C die Menge aller nichtleeren, kompakten Teilmengen des $\mathfrak{R}^N$. Auf C ist die Hausdorff-Metrik δ definiert durch

$$\delta(A, B) \overset{\text{def}}{=} \inf\{r : A \subseteq B_r, B \subseteq A_r ; r \geq 0\} \quad \text{mit } A, B \in C.$$

Die "Iterierten" von $\mathcal{S}$ seien wie folgt definiert (mit $F \subseteq \mathfrak{R}^N$):

$$\mathcal{S}^0(F) \overset{\mathrm{def}}{=} F,$$

$$\mathcal{S}^1(F) = \mathcal{S}(F) \overset{\mathrm{def}}{=} \bigcup_{i=1}^{N} S_i(F),$$

$$\mathcal{S}^{k+1}(F) \overset{\mathrm{def}}{=} \mathcal{S}\big(\mathcal{S}^k(F)\big) \qquad (k \geq 0).$$

Satz Für eine gegebene Menge $\mathcal{S}$ von Kontraktionsabbildungen, $\mathcal{S} = \{S_1, ..., S_K\}$, existiert genau eine kompakte, nichtleere Teilmenge $E \subseteq \mathcal{R}^N$, die invariant bezüglich $\mathcal{S}$ ist.

Darüberhinaus konvergieren für jede beliebige Menge $F \in \mathcal{C}$ die Iterierten $\mathcal{S}^k(F)$ für $k \to \infty$ gegen E (Konvergenz bzgl. der Hausdorff-Metrik).

Zum Beweis siehe beispielsweise [9].

Die Menge $\mathcal{S}$ erfüllt die "Offenheitsbedingung" (engl. open set condition), wenn eine offene beschränkte Teilmenge U des $\mathfrak{R}^N$ existiert mit der Eigenschaft

$$\mathcal{S}(U) \subseteq U \quad \text{und} \quad S_i(U) \cap S_j(U) = \emptyset \quad (i \neq j).$$

Ausgestattet mit den notwendigen Definitionen können wir den Hauptsatz der selbstähnlichen Mengen formulieren.

Satz Sei $\mathcal{S} = \{S_1, \ldots, S_K\}$ eine Menge von Selbstähnlichkeitsabbildungen mit Lipschitzkonstanten $r_1, \ldots, r_K$, die die Offenheitsbedingung erfüllt. Dann gilt für die durch $\mathcal{S}$ eindeutig definierte, kompakte, bezüglich $\mathcal{S}$ invariante Menge E:

$$0 < \mathcal{H}^s(E) < \infty \qquad \text{mit} \quad \sum_{i=1}^{K} r_i^s = 1.$$

Die Hausdorff-Dimension von E ist also gleich der Selbstähnlichkeitsdimension von $\mathcal{S}$. Darüberhinaus ist E selbstähnlich, denn es gilt

$$\mathcal{H}^s(S_i(E) \cap S_j(E)) = 0 \qquad \text{für } i \neq j.$$

Zum Beweis siehe [15].

Für Kontraktionsabbildungen läßt sich in etwas abgeschwächter Form eine ähnliche Beziehung aufstellen.

Satz Sei $\mathcal{S}$ eine Menge von Kontraktionsabbildungen, die die Offenheitsbedingung erfüllt, und E die durch diese Abbildungen eindeutig definierte invariante kompakte Menge.

Es sollen weiter positive Zahlen q_i, r_i kleiner als 1 existieren, so daß für alle Elemente x, y aus $\Re^N$ gilt

$$q_i |x - y| \leq |S_i(x) - S_i(y)| \leq r_i |x - y| \qquad (i = 1, \dots, K).$$

Dann ist für die Hausdorff-Dimension von E

$$s' \leq dim E \leq t$$

$$\text{mit } s' = s - \frac{\ln\left(\max(r_j/q_j)\right)}{\ln\left(\min(1/q_j)\right)} \quad \text{und} \quad \sum_{j=1}^{K} q_j^s = \sum_{j=1}^{K} r_j^t = 1$$

Zum Beweis siehe [9].

Wie wir bereits gesehen haben, existiert zu jeder Menge S von Kontraktionsabbildungen genau eine kompakte nichtleere Menge, die invariant bzgl. S ist. Darüberhinaus werden alle Iterierten anderer kompakter Mengen durch diese Menge "angezogen". Mit Hilfe dieser Tatsache ist es sehr einfach, invariante bzw. selbstähnliche Mengen zu konstruieren.

Ein mögliches Verfahren, das auch leicht auf einem Rechner implementiert werden kann, ist im folgenden wiedergegeben [16].

a) wähle eine kompakte Teilmenge des $\Re^N$, zum Beispiel einen Punkt x_0; lege die Anzahl L der Iterationsschritte fest

b) führe für $k = 1, \dots, L$ folgende Schritte aus
   - wähle zufällig eine Kontraktionsabbildung S_j
   - berechne $x_k = S_j(x_{k-1})$
   - für k größer als eine vorgegebene Schranke M: notiere x_k.

Die Menge $\{x_{M+1}, \dots, x_L\}$ stellt eine Approximation der unter S invarianten kompakten Menge E dar; fast alle Punkte in E werden bis auf eine Distanz kleiner als ein vorgegebenes ϵ (von dem die Zahl L abhängt) erreicht.

Mittels dieses Verfahrens können beispielsweise die in Bild 1 gezeigte Kochkurve und die nachfolgend dargestellten zwei Punktmengen generiert werden.

Bild 3: Farn ([16])

Bild 4: Gewebe

Läßt sich für eine beliebige gegebene Punktmenge eine solche Konstruktionsvorschrift aufstellen, so ist dadurch eine immense Datenreduzierung möglich, die beispielsweise bei einer Bildübertragung genutzt werden kann. Allein aus der Kenntnis der Kontraktionsabbildungen läßt sich das ursprüngliche Bild vollständig wiederherstellen, d.h. nur die Parameter der Abbildungen müssen übertragen werden.

Neben der Generierung von fraktalen Mengen spielt die Charakterisierung solcher Strukturen anhand der bereits eingeführten Dimensionsbegriffe eine wichtige Rolle in vielen Wissenschaftsbereichen. Als Einschränkung gilt jedoch, daß in den meisten Fällen eine Beschreibung einer fraktalen Menge anhand nur eines Dimensionswertes unmöglich ist, wie folgende Überlegungen zeigen.

Wenn wir uns innerhalb einer fraktalen Menge bewegen und für verschiedene Teilbereiche lokal eine gebrochene Dimension berechnen, so werden wir feststellen, daß die ermittelten Werte beträchtlich von Bereich zu Bereich variieren können. Die Gesamtmenge ist damit nur unzureichend durch eine globale Dimension charakterisiert, da deren Wert identisch zu der maximalen lokalen Dimension ist. Dieser Sachverhalt kann mathematisch wie folgt ausgedrückt werden:

$$A = \bigcup_{i=1}^{\infty} A_i \quad \Rightarrow \quad dimA = \sup_{i=1,2,\ldots} dimA_i$$

bzw.

$$A = \bigcup_{i=1}^{N} A_i \quad \Rightarrow \quad \mathcal{M}_*\text{-}dimA = max\{\mathcal{M}_*\text{-}dimA_i\}_{i=1}^{N}$$

(obere Minkowski-Dimension analog).

Eine Möglichkeit, diesen Umstand zu handhaben, besteht darin, die Menge durch "unendlich" viele Dimensionswerte $D(q)$ $(q > 0)$ zu beschreiben ([17]-[20]). Für ein ungleichmäßiges Fraktal ist diese Dimensionsfunktion nicht konstant; verschiedene Strukturen innerhalb der Menge beeinflussen die Dimensionen unterschiedlich. Eine Menge mit dieser Eigenschaft wird als Multi-Fraktal bezeichnet.

Eine alternative Möglichkeit zur Charakterisierung einer multi-fraktalen Menge besteht darin, die Menge in Teilbereiche zu unterteilen, deren Punkte jeweils das gleiche fraktale Verhalten aufweisen. Dieses Verhalten kann beispielsweise durch eine lokale Masse-Durchmesser Relation (Lipschitz-Hölder Exponent) charakterisiert werden ([1], [21], [22]). Die Struktur einer Teilmenge, die durch den Exponenten α definiert ist, wird dann durch eine gebrochene Dimension $f(\alpha)$ gekennzeichnet. Zwischen den Funktionen $D(q)$ und $f(\alpha)$ besteht ein eineindeutiger Zusammenhang [21].

Eine andere Vorgehensweise zur Beschreibung einer multi-fraktalen Menge soll in diesem Kapitel vorgestellt werden. Hierbei wird von dem wohlbekannten Konzept der Hausdorff-Dimension bzw. Minkowski-Dimension Gebrauch gemacht. Um das fraktale Verhalten eines jeden Punktes beschreiben zu können, ist es zunächst notwendig, den Begriff der lokalen Hausdorff- bzw. der lokalen Minkowski-Dimension einzuführen.

Definition Sei (S, d) ein beliebiger metrischer Raum und x ein Element aus S. Die lokale Hausdorff-Dimension von x in S ist

$$dim(x, S) \overset{\text{def}}{=} \lim_{\epsilon \to 0} dim B(x, \epsilon)$$

Der Limes in der obigen Definition existiert, da die betrachtete Zahlenfolge monoton fallend und nach unten beschränkt ist. Somit definiert die lokale Hausdorff-Dimension eine eindeutige Funktion auf S. Die lokale Dimension kann als Maß der lokalen Fraktalität betrachtet werden, die gegebenenfalls von Punkt zu Punkt mehr oder weniger variiert.

Völlig analog lassen sich für die anderen Dimensionsbegriffe lokale Dimensionen definieren. So ist beispielsweise für die untere (obere) metrische Dimension

$$\underline{dim}(x, S) \overset{\text{def}}{=} \lim_{\epsilon \to 0^+} \underline{dim} B(x, \epsilon),$$

wobei S ein totalbeschränkter Raum ist. Diese Definition einer lokalen unteren (oberen) metrischen Dimension ist vollständig äquivalent mit der in [23] angegebenen Definition

$$\underline{dim}(x, S) = \inf\{\underline{dim}(U) : U \in \mathcal{U}(x)\}$$

(wobei $\mathcal{U}(x)$ die Menge aller offenen Umgebungen von x in S bezeichnet), denn es gilt: sind U_1, U_2 zwei beliebige offene Umgebungen von x in S mit $U_1 \subseteq U_2$, so ist

$$\underline{dim}(U_1) \leq \underline{dim}(U_2).$$

Weiter existiert für jede offene Umgebung von x ein $\epsilon > 0$ derart, daß

$$O(x, \epsilon) \subseteq B(x, \epsilon) \subseteq U.$$

Die offene Kugel $O(x, \epsilon)$ ist wiederum eine offene Umgebung von x. Wir erhalten also

$$\underline{dim}(x, S) = \inf\{\underline{dim} B(x, \epsilon) : \epsilon > 0\}$$
$$= \lim_{\epsilon \to 0^+} \underline{dim} B(x, \epsilon)$$

Analog läßt sich auch eine obere metrische Dimension der Menge S im Punkt x einführen.

Aus den Ergebnissen von Kapitel 2 folgt unmittelbar, daß für eine in $\Re^N$ eingebettete Punktmenge diese Definition für die anderen Dimensionsbegriffe zu identischen (unteren bzw. oberen) Dimensionsfunktionen führt (Minkowski-Dimension = metrische Dimension = Entropie-Dimension = Box-Dimension).

Betrachtet man eine der so definierten lokalen Dimensionen, d.h. die Dimensionsfunktion $d(x, S)$, wobei d für eine der Dimensionen steht, so wird man eine Teilmenge A von S im Sinne dieser Definition als homogen bezeichnen, falls die Dimensionsfunktion für alle Punkte aus A einen konstanten Wert liefert, anderenfalls als inhomogen.

Allgemein läßt sich über den Wertevorrat der Funktion $d(x, S)$ nichts aussagen, er kann endlich viele Werte besitzen, abzählbar oder überabzählbar sein.

Jeder Wert d des Wertevorrats einer Dimensionsfunktion $d(x, S)$ definiert eine Teilmenge $A_d = \{x \in S : d(x, S) = d\}$. Diese Teilmengen sind gerade die durch folgende Äquivalenzrelation definierten Äquivalenzklassen:

zwei Punkte x, y aus S heißen äquivalent, wenn sie die gleiche lokale Dimension besitzen,

$$x \sim y : \quad \Longleftrightarrow \quad d(x, S) = d(y, S).$$

Es folgt unmittelbar, daß die Äquivalenzklassen homogen sind im Sinne der Dimension und damit eine Zerlegung von S in homogene Teilmengen bilden:

$$S = \bigcup_d A_d \quad \text{mit dem Wertevorrat von } d(x, S) \text{ als Indexmenge.}$$

Jedes Element A_d einer solchen Zerlegung hat selbst wieder eine (entsprechende) gebrochene Dimension $\bar{d}$ (Hausdorff-Dimension, Minkowski-Dimension,...).

A priori ist dabei keineswegs anzunehmen, daß $\bar{d} = d$ sein sollte. In der Tat werden wir im folgenden zeigen, daß dies generell nur für den Fall der Hausdorff-Dimension und hier nur für den Fall eines endlichen Wertevorrates von $d(x, A)$ gilt.

Wir gehen im folgenden von einem metrischen Raum (S, d) aus. Für die durch die lokale Hausdorff-Dimension definierten Äquivalenzklassen A_d läßt sich folgende Aussage nachweisen:

Lemma Sei x ein Element der Äquivalenzklasse A_d und weiter $x \in \partial A_d$ (x liegt auf dem Rand der Menge A_d). Sei $A_{d'}$ eine andere Äquivalenzklasse $(d \neq d')$ mit $x \in \partial A_{d'}$. Dann gilt

$$dim(x, S) > dim(y, S) \quad (y \in A_{d'} \text{ beliebig}).$$

<u>Beweis</u>

Da x auf dem Rand von $A_{d'}$ liegt, und x kein Element von $A_{d'}$ selbst ist, existiert zu jedem $\epsilon > 0$ ein Element y_ϵ aus $A_{d'}$ mit der Eigenschaft

$$y_\epsilon \in O(x, \epsilon).$$

Darüberhinaus existiert ein $\epsilon(y_\epsilon) > 0$ so, daß für alle $\epsilon' \leq \epsilon(y_\epsilon)$ $(\epsilon' > 0)$ gilt

$$B(y_\epsilon, \epsilon') \subseteq O(x, \epsilon) \subseteq B(x, \epsilon),$$

also

$$dim(y_\epsilon, S) \leq dimB(x, \epsilon).$$

Alle y_ϵ liegen in $A_{d'}$, d.h. $dim(y_\epsilon, S)$ ist für alle ϵ gleich. Damit ergibt sich für $\epsilon \to 0$:

$$dim(y, S) \leq dim(x, S) \quad \text{(mit } y \in A_{d'} \text{ beliebig)}.$$

Da $d \neq d'$ vorausgesetzt war, folgt

$$dim(y, S) < dim(x, S).$$

Um im folgenden weitere Aussagen über die Hausdorff-Dimension machen zu können, sind folgende Einschränkungen notwendig:

- S sei von nun an ein metrischer Raum, der eine abzählbare Basis besitzt, d.h. jede offene Menge läßt sich als Vereinigung von Basiselementen darstellen, wobei es insgesamt nur abzählbar viele Basiselemente gibt (oder allgemeiner S ein Lindelöf-Raum).
- Durch die lokale Hausdorff-Dimension sind auf S nur endlich viele Äquivalenzklassen definiert.

Unter diesen Voraussetzungen gilt für die lokale Hausdorff-Dimension der

Satz   Sei A_d eine wie oben definierte Äquivalenzklasse. Dann ist für ein beliebiges Element x aus A_d:

$$dim(x, S) = dimA_d$$

Bemerkung: Auf die Bedingung, daß endlich viele Äquivalenzklassen existieren, kann nicht verzichtet werden, denn sei

$$I_k \subseteq [\frac{1}{k+1}, \frac{1}{k}) \text{ mit } \frac{1}{k+1} \in I_k \text{ und } dimI_k = \frac{\log k}{\log k + 1} \quad (k = 1, 2, \ldots).$$

Weiter sei I_k homogen. Dann gilt mit $S = \{0\} \cup \bigcup\limits_{k=1}^{\infty} I_k$

$$dim(0, S) = 1 \quad \text{und} \quad dim\{0\} = 0$$

(die homogenen Teilmengen können beispielsweise als verallgemeinerte Cantor-Mengen definiert werden).

<u>Beweis (Satz)</u>

a) Sei x ein beliebiges Element aus A_d und $\delta > 0$ beliebig. Nach Definition der lokalen Hausdorff-Dimension existiert ein $\epsilon(x) > 0$ so, daß für alle ϵ' mit $0 < \epsilon' \leq \epsilon(x)$ gilt

$$dim B(x, \epsilon') \leq dim(x, S) + \delta.$$

Sei $\tilde{A}_d \stackrel{def}{=} \bigcup_{x \in A_d} O(x, \epsilon(x))$.

Da S eine abzählbare Basis besitzt, existiert eine abzählbare offene Teilüberdeckung:

$$\tilde{A}_d = \bigcup_{i=1}^{\infty} O(x_i, \epsilon(x_i)) \quad (\text{mit } x_i \in A_d).$$

Da $A_d \subseteq \tilde{A}_d$ ist, folgt

$$\begin{aligned}
dim A_d \leq dim \tilde{A}_d &= \sup_{i=1,2,\ldots} dim O(x_i, \epsilon(x_i)) \\
&\leq \sup_{i=1,2,\ldots} dim B(x_i, \epsilon(x_i)) \\
&\leq dim(x, S) + \delta \quad \text{mit } x \in A_d.
\end{aligned}$$

Da $\delta > 0$ beliebig gewählt war, folgt damit

$$dim A_d \leq dim(x, S) \quad \text{mit } x \in A_d.$$

b_1) Sei x aus dem offenen Kern von A_d, $x \in A^\circ{}_d$ Dann existiert ein $\epsilon(x) > 0$, so daß für alle $\epsilon \leq \epsilon(x)$ gilt

$$B(x, \epsilon) \subseteq A_d.$$

Damit ist aber

$$dim(x, S) \leq dim A_d.$$

b_2) Sei $x \in A_d \cap \partial A_d$. Wir betrachten all die Äquivalenzklassen, auf deren Rand x liegt:

$$x \in \partial A_{d_1} \cap \ldots \cap \partial A_{d_k} \cap \partial A_d$$

und

$$x \notin \partial A_{d'} \text{ für } d' \notin \{d_1, \ldots, d_k, d\}.$$

Wähle ein $\epsilon > 0$ so, daß

$$B(x, \epsilon) \cap A_{d'} = \emptyset$$

für alle Äquivalenzklassen, die nicht zur obigen Durchschnittsbildung beitragen (ein solches ϵ existiert, da es insgesamt nur endlich viele Äquivalenzklassen gibt).

Dann gilt

$$B(x, \epsilon) = \left(B(x, \epsilon) \cap A_d\right) \cup \bigcup_{i=1}^{k} \left(B(x, \epsilon) \cap A_{d_i}\right).$$

Weiter ist

$$dim\left(B(x, \epsilon) \cap A_{d_i}\right) \leq dim A_{d_i}$$
$$\leq dim(y, S) \quad \text{mit } y \in A_{d_i} \text{ beliebig nach Teil a) des Beweises}$$
$$< dim(x, S) \quad \text{nach dem vorigen Lemma.}$$

Damit folgt

$$dim(x, S) \leq dim B(x, \epsilon)$$
$$= \max\left\{\{dim B(x, \epsilon) \cap A_{d_i}\}_{i=1}^{k}, dim B(x, \epsilon) \cap A_d\right\}$$
$$= dim B(x, \epsilon) \cap A_d$$
$$\leq dim A_d.$$

Aus a), b_1) und b_2) folgt die Behauptung.

Mit Hilfe dieses Satzes ist es leicht einzusehen, daß die (endlich vielen) Äquivalenzklassen die einzige Zerlegung von S bilden, die folgenden Bedingungen genügt:

$$S = \bigcup_{i=1}^{N} S_i \quad \text{mit}$$

1) $dim S_i \neq dim S_j \quad (i \neq j)$

2) $x \in \partial S_i \cap \partial S_j, \quad dim S_i > dim S_j \Rightarrow x \in S_i$

3) $S_i \cap S_j = \emptyset \quad (i \neq j)$

4) Die Teilmengen S_i sind homogen.

<u>Beweis</u>

Da jede Teilmenge S_i homogen ist, existiert eine Äquivalenzklasse A_d mit $S_i \subseteq A_d$.

Nach dem vorigen Satz ist

$$dim(x, S) = dim S_i \quad \text{für alle } x \in S_i$$

und nach Bedingung 1)

$$dim(y, S) \neq dim S_i \quad \text{für alle } y \notin S_i.$$

Dann ist aber

$$S_i = A_d.$$

Desweiteren gilt der folgende

Satz Sei S ein metrischer Raum mit $S = \bigcup_{i=1}^{N} A_{d_i}$, wobei A_{d_i} die (endlich vielen) Äquivalenzklassen sind, die durch die lokale Hausdorff-Dimension definiert sind. Dann gilt

$x \in A_{d_i} \iff$ es existiert ein $\epsilon(x) > 0$, so daß für alle ϵ mit $0 < \epsilon \leq \epsilon(x)$ gilt

$$dim B(x, \epsilon) = dim A_{d_i}.$$

<u>Beweis</u>

a) "$\Leftarrow$":

Mit Hilfe der Definition der lokalen Hausdorff-Dimension folgt

$$dim(x, S) = dim A_{d_i},$$

also $x \in A_{d_i}$.

b) "$\Rightarrow$":

b$_1$) x liegt im Inneren von A_{d_i}, $x \in A^{\circ}_{d_i}$. Dann existiert ein $\epsilon(x) > 0$ so, daß für alle positiven ϵ kleiner oder gleich $\epsilon(x)$ gilt

$$B(x, \epsilon) \subseteq A_{d_i}.$$

Dann ist

$$dim(x, S) \leq dim B(x, \epsilon) = dim A_{d_i} = dim(x, S).$$

b$_2$) x liegt auf dem Rand von A_{d_i}, $x \in A_{d_i} \backslash A^{\circ}_{d_i}$. Aus dem Beweis des vorigen Satzes, Teil b$_2$), folgt unmittelbar, daß ein $\epsilon(x) > 0$ existiert, so daß für alle $\epsilon > 0$ kleiner als $\epsilon(x)$ gilt

$$dim B(x, \epsilon) = dim(B(x, \epsilon) \cap A_{d_i}),$$

also

$$dimB(x,\epsilon) \geq dim(x,S) = dimA_{d_i} \geq dimB(x,\epsilon).$$

Die Ergebnisse, die sich durch Einführung einer lokalen Hausdorff- Dimension in Hinblick auf eine detaillierte Beschreibung einer zugrundeliegenden Struktur erzielen lassen, erscheinen aus rein mathematischer Sicht zufriedenstellend, wobei jedoch zugegebenermaßen die Annahme, daß die Menge sich nur aus endlich vielen homogenen Komponenten zusammensetzt, eine starke Einschränkung darstellt. Die Umsetzung dieser Theorie zur Lösung praktischer Aufgaben ist jedoch schwierig und weitaus weniger befriedigend.

Neben der Hausdorff-Dimension sind weitere Dimensionsbegriffe von Interesse, für die sich ebenfalls, wie gesehen, der Begriff der lokalen Dimension einführen läßt. Mit Hilfe dieser lokalen Dimension läßt sich wiederum eine Zerlegung einer Menge in homogene Teilbereiche erzielen. Besteht wie bei der lokalen Hausdorff-Dimension auch hier ein Zusammenhang zwischen lokaler Dimension und Dimension der entsprechenden Äquivalenzklasse? Zur Klärung dieser Frage soll die im folgenden definierte Menge unter Zuhilfenahme der lokalen (unteren bzw. oberen) metrischen Dimension untersucht werden.

Wir legen den eindimensionalen Euklidschen Raum $\Re$ zugrunde. Die Menge A sei wie folgt definiert:

$$A \stackrel{\text{def}}{=} \{1, \frac{1}{2}, \frac{1}{3}, \frac{1}{4}, \ldots\} \cup \{0\}.$$

Bezeichne weiter x_n den Punkt $\frac{1}{n}$, x_0 den Punkt 0 und

$$d_n \stackrel{\text{def}}{=} x_n - x_{n+1} = \frac{1}{n(n+1)}.$$

Dann ist $d_n > d_{n+1}$ für alle natürlichen Zahlen n.

Wähle $\epsilon = \frac{1}{l^2}$, wobei l eine beliebige natürliche Zahl ist. Dann gilt

$$d_{l-1} = \frac{1}{l(l-1)} > \frac{1}{l^2} = \epsilon.$$

Die Punkte $x_1, \ldots, x_l$ haben also jeweils einen Abstand voneinander größer als das gewählte ϵ. Damit ist

$$N_A(\frac{1}{l^2}) \geq l$$

$$\Rightarrow \frac{\ln N_A(\frac{1}{l^2})}{\ln l^2} \geq \frac{1}{2}$$

$$\Rightarrow \overline{dimA} \geq \frac{1}{2}.$$

Welchen Wert nimmt die lokale obere metrische Dimension im Punkt 0 an? Hierzu dienen die folgenden Überlegungen. Sei $\epsilon > 0$ beliebig. Dann existieren höchstens endlich viele Punkte $x_1, \ldots, x_{n(\epsilon)}$ aus A mit

$$x_j \notin B(0, \epsilon) \qquad \left(j = 1, \ldots, n(\epsilon)\right).$$

Für diese Punktmenge gilt

$$\overline{dim}\{x_1, \ldots, x_{n(\epsilon)}\} = 0,$$

also

$$\overline{dim}A = \max\{\overline{dim}\{x_1, \ldots, x_{n(\epsilon)}\}, \overline{dim}A \cap B(0, \epsilon)\}$$
$$\geq \frac{1}{2}.$$

Daraus folgt aber

$$\overline{dim}(0, A) \geq \frac{1}{2}.$$

Für alle Punkte x aus A ungleich 0 ist aber

$$\overline{dim}(x, A) = 0.$$

Der Punkt 0 ist also nur zu sich selbst äquivalent und die entsprechende Äquivalenzklasse T_0 hat die obere metrische Dimension Null, also

$$\overline{dim}T_0 \neq \overline{dim}(0, A).$$

Dieselben Überlegungen lassen sich auch für die untere metrische Dimension anstellen: Wir wählen eine beliebige positive Zahl ϵ kleiner als 1. Dann existiert eine natürliche Zahl n mit der Eigenschaft

$$\frac{1}{(n+1)^2} \leq \epsilon < \frac{1}{n^2}.$$

Daraus folgt aber

$$\frac{\ln N_A(\epsilon)}{\ln \frac{1}{\epsilon}} \geq \frac{\ln N_A(\frac{1}{n^2})}{\ln(n+1)^2} \geq \frac{n}{2n+2}$$

und damit

$$\underline{dim}A = \lim_{\epsilon \to 0+} \inf \frac{\ln N_A(\epsilon)}{\ln \frac{1}{\epsilon}} \geq \frac{1}{2}.$$

Alles weitere folgt völlig analog zur oberen metrischen Dimension.

Dieses Beispiel zeigt, daß sich die für die lokale Hausdorff-Dimension bewiesenen Eigenschaften im allgemeinen Fall nicht auf die anderen lokalen Dimensionsbegriffe übertragen lassen.

Eine vollständige Beschreibung einer fraktalen Menge im Sinne der multi-fraktalen Theorie erfordert hier also neben der Zerlegung in homogene Teilbereiche auch die Berechnung der Dimension dieser Untermengen. Gerade dieser letzte Schritt erübrigt sich bei der Benutzung der lokalen Hausdorff-Dimension, wie die Ausführungen in diesem Kapitel zeigen.

4 Fraktalanalyse: Grundlagen und Methoden

Die in den vorigen Kapiteln eingeführten Dimensionsbegriffe stellen ein wichtiges Hilfsmittel bei der Charakterisierung von fraktalen Mengen dar. Es ist deshalb nicht verwunderlich, daß seit Anbeginn die Fraktale Geometrie eng mit Bemühungen verknüpft war, Verfahren zur numerischen Abschätzung von gebrochenen Dimensionen zu entwickeln. Ein wesentliches Problem stellen hierbei die in der Definition der Dimensionen enthaltenen Grenzwertbetrachtungen dar.

Nehmen wir als Beispiel die Minkowski-Dimension einer Menge A, wobei wir davon ausgehen, daß dieser Wert wohldefiniert ist,

$$\mathcal{M}\text{-}dim(A) = N - \lim_{s \to 0} \frac{\ln \mathcal{L}^N(A_s)}{\ln s}.$$

Wie bei der numerischen Berechnung anderer als Grenzwert definierter Größen geht man in der Praxis meist recht naiv so vor, daß man s solange verkleinert, bis sich der numerische Wert ab einer vorgegebenen Dezimalen nicht mehr ändert.

Ein anderer, häufig begangener Weg zur Bestimmung der Dimension besteht darin, daß man den zwei Größen $\mathcal{L}^N(A_s)$ und s für kleines s aufgrund der Definition der Dimension folgenden Zusammenhang unterstellt:

$$\mathcal{L}^N(A_s) \sim s^{N - \mathcal{M}\text{-}dim(A)}.$$

Die Dimension kann damit als Steigung der Regressionsgeraden im "log-log Plot" (dabei wird $\ln \mathcal{L}^N(A_{s_i})$ gegen $\ln s_i$ für endlich viele Werte $s_1, \dots, s_M$ aufgetragen) bestimmt werden.

Eine offenkundige Schwierigkeit einer numerischen Berechnung der Dimension besteht bei beiden Verfahren darin, daß mangels jeder a priori Information keinerlei Fehlerabschätzung gemacht werden kann, da nicht auszuschließen ist, daß sich die Eigenschaften des Fraktals unterhalb der feinsten untersuchten "Skala" radikal ändern.

Grundsätzlich besteht ein allgemeiner Standpunkt der Fraktalanalyse darin, daß man nicht nur wie im Fall der Dimensionen das asymptotische Verhalten für $s \to 0$ studiert, sondern allgemeiner das sogenannte Skalenverhalten für beliebige Skalenparameter s untersucht. Dies kann beispielsweise dadurch geschehen, daß man für den jeweiligen Skalenbereich die Steigung der Regressionsgeraden als charakteristisches Merkmal berechnet. In seiner Gesamtheit erlaubt dann ein entsprechender Satz von Kenngrößen eine detaillierte Charakterisierung einer Struktur.

Die Notwendigkeit einer solchen Vorgehensweise läßt sich anhand vieler natürlicher Fraktale unter Beweis stellen, da diese in verschiedenen Skalenbereichen ("Auflösungsbereichen") typischerweise verschiedenartiges Skalenverhalten zeigen (Bild 5).

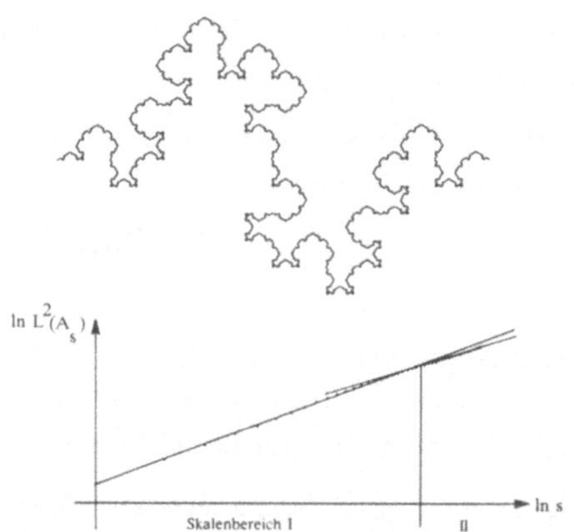

Bild 5: Auswertung einer fraktalen Menge auf verschiedenen Skalenbereichen

In praktischen Anwendungen der Fraktalen Geometrie werden Strukturen analysiert, die als beschränkte Punktmengen $A \subseteq \Re^N$ betrachtet werden dürfen. Solche Mengen können beispielsweise geometrische Strukturen im $\Re^3$ sein, Zustandsmannigfaltigkeiten eines dynamischen Systems mit N Freiheitsgraden oder auch ein- oder mehrdimensionale Signale der verschiedensten Art (akustisch, elektrisch, Grauwert- und Farbbilder, ...).

Eine numerische Analyse erfordert neben der eigentlichen Auswertung des Skalenverhaltens zunächst eine Aufnahme von Daten über A mittels eines geeigneten Meßverfahrens. Als Folge hiervon kann eine Analyse von A nur in endlich vielen Punkten vorgenommen werden. Die Aufnahmegenauigkeit hängt hierbei in entscheidendem Maße von der Genauigkeit des gewählten Meßverfahrens ab. Allerdings kann durch eine geeignete Wahl des Meßverfahrens die Genauigkeit weitgehend beliebig erhöht werden.

Im folgenden soll ein möglicher Meßfehler vernachlässigt und von der idealisierten Vorstellung ausgegangen werden, daß eine exakte Messung der Menge A in endlich vielen Punkten $\bar{A} \subseteq A$ vorliegt. Bei einer höher gewählten "Auflösung" wird $\bar{A}$ aus mehr Punkten bestehen. Zweckmäßigerweise wird eine Messung von A so vorgenommen, daß die

Meßpunkte $x_i \in \bar{A}$ "gleichmäßig" über A verteilt sind. Diese gleichmäßige Punktverteilung kann wie folgt definiert werden:

Definition Sei A eine beschränkte Teilmenge des $\Re^N$ und $r > 0$ beliebig. Eine Teilmenge $\bar{A}(r) = \{x_1, \ldots, x_M\}$ von A heißt gleichmäßige endliche Teilmenge von A mit Auflösung r bzw. gleichmäßige diskrete Approximation mit Auflösung r, wenn gilt:

a) in jeder Kugel $B(x, \frac{r}{2}), x \in A$, liegt mindestens ein $x_i \in \bar{A}(r)$

b) für alle $x_i, x_j \in \bar{A}(r), i \neq j$, gilt $d(x_i, x_j) \geq r$.

Bild 6 zeigt eine solche gleichmäßige diskrete Approximation für eine Teilmenge des $\Re^2$, wobei hier die Maximumsmetrik zugrundegelegt wurde ($d(\underline{x}, \underline{y}) = \max_{i=1,2} |x_i - y_i|$ mit $\underline{x}, \underline{y} \in \Re^2$).

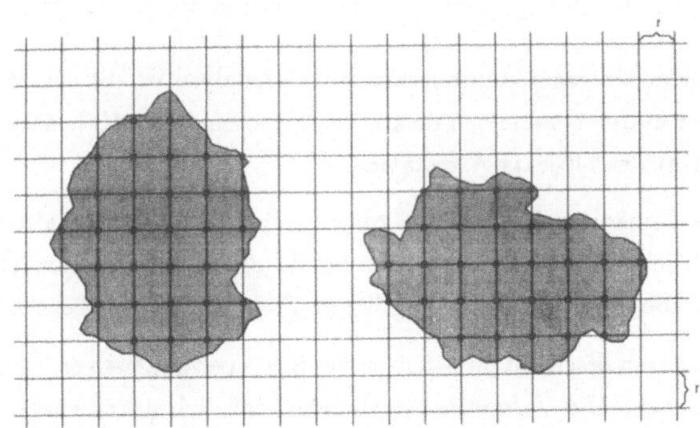

Bild 6: Gleichmäßige diskrete Approximation

In Bild 7 ist eine gleichmäßige diskrete Approximation der Kochkurve dargestellt.

Bild 7: Gleichmäßige diskrete Approximation der Kochkurve

Ein Hauptproblem bei einer numerischen Fraktalanalyse ist die Extraktion geeigneter Größen aus einer hinreichend feinen diskreten Approximation $\bar{A}(r)$, die einen Rückschluß auf die Fraktalität des Objekts A gestatten.

Die gebrochene Dimension bzw. das asymptotische (Skalen-) Verhalten für $s \to 0$ läßt einen solchen Rückschluß sicherlich nicht zu, da die Approximation $\bar{A}(r)$ als endliche Punktmenge unabhängig von dem eigentlichen Fraktal die Dimension 0 besitzt.

Von größerem Nutzen erscheint die Analyse des Skalenverhaltens von $\bar{A}(r)$ auf verschiedenen Skalenbereichen. Die Vermutung liegt nahe, daß sich durch eine solche Analyse in einem abgeschlossenen Skalenbereich letztendlich die "Fraktalität" der Menge A selbst bewerten läßt.

Tatsächlich läßt sich unter bestimmten Bedingungen ein solcher Zusammenhang nachweisen, wobei in den nachfolgenden Betrachtungen als Skalenmerkmal analog zur Minkowski-Dimension das N-dimensionale Lebesgue-Maß der Parallelmengen von A bzw. $\bar{A}(r)$ dient.

Sei also A eine beliebige, aber beschränkte Teilmenge des $\Re^N$ und

$$A_s = \{x \in \Re^N \mid d(x, A) \leq s\} \quad (s \geq 0)$$

deren Parallelmengen.

Für eine beliebige diskrete Approximation $\bar{A}(r) = \{x_1, \ldots, x_M\}$ von A mit Auflösung r gilt dann

$$\bar{A}(r)_s \subseteq A_s.$$

Für einen beliebigen Punkt y aus A_s und beliebiges $\epsilon > 0$ existiert nach Definition ein $x_\epsilon \in A$ mit

$$d(x_\epsilon, y) \leq s + \epsilon.$$

Weiter existiert ein Punkt x_i der diskreten Approximation $\bar{A}(r)$ mit

$$d(x_i, x_\epsilon) \leq \frac{r}{2}, \quad \text{also}$$
$$d(x_i, y) \leq d(x_i, x_\epsilon) + d(x_\epsilon, y)$$
$$\leq \frac{r}{2} + s + \epsilon.$$

Da $\epsilon > 0$ beliebig gewählt war, folgt

$$y \in \bar{A}(r)_{s+\frac{r}{2}} \quad \text{und damit}$$

$$\bar{A}(r)_s \subseteq A_s \subseteq \bar{A}(r)_{s+\frac{r}{2}}$$

Für das N-dimensionale Lebesgue-Maß gilt somit

$$\mathcal{L}^N\big(\bar{A}(r)_s\big) \leq \mathcal{L}^N(A_s) \leq \mathcal{L}^N\big(\bar{A}(r)_{s+\frac{r}{2}}\big).$$

Die Lebesgue-Maße zweier Kugeln mit Radius s bzw. $s + \frac{r}{2}$ hängen wie folgt zusammen:

$$\mathcal{L}^N\big(B(x, s + \frac{r}{2})\big) = (1 + \frac{r/2}{s})^N \mathcal{L}^N\big(B(x, s)\big).$$

Läßt sich diese Beziehung auch für die Parallelmengen $\bar{A}(r)_s$ und $\bar{A}(r)_{s+\frac{r}{2}}$ herstellen?

Es ist bekannt, daß für eine Menge B, die aus einer Menge C durch zentrische Streckung mit Streckungsfaktor $f \geq 0$ hervorgeht, gilt

$$\mathcal{L}^N(B) = f^N \mathcal{L}^N(C).$$

Bezeichnen wir mit $\tilde{A}(r)$ diejenige Menge, die wir aus $\bar{A}(r)_s$ durch zentrische Streckung mit Streckungsfaktor $1 + \frac{r/2}{s}$ erhalten, also $\tilde{A}(r) = \bigcup_{i=1}^{n} B(\tilde{x}_i, s + \frac{r}{2})$, so gilt

$$\mathcal{L}^N\big(\tilde{A}(r)\big) = (1 + \frac{r/2}{s})^N \mathcal{L}^N\big(\bar{A}(r)_s\big).$$

Da weiter gilt

$$d(\tilde{x}_i, \tilde{x}_j) = (1 + \frac{r/2}{s})d(x_i, x_j)$$
$$\geq d(x_i, x_j)$$

ist mit $\bar{A}(r)_{s+\frac{r}{2}} = \bigcup_{i=1}^{n} B(x_i, s + \frac{r}{2})$,

$$\mathcal{L}^N\big(\bar{A}(r)_{s+\frac{r}{2}}\big) \leq \mathcal{L}^N(\check{A}(r)).$$

Insgesamt erhalten wir

$$\mathcal{L}^N\big(\bar{A}(r)_s\big) \leq \mathcal{L}^N(A_s) \leq (1 + \frac{r/2}{s})^N \mathcal{L}^N\big(\bar{A}(r)_s\big).$$

Das Lebesgue-Maß der Parallelmengen einer hinreichend feinen diskreten Approximation (r klein) kann also für große s als Näherung des Lebesgue-Maßes $\mathcal{L}^N(A_s)$ der Parallelmengen von A angesehen werden.

Damit kann das Skalenverhalten einer Menge A innerhalb eines bestimmten Skalenbereiches durch das Skalenverhalten einer diskreten Approximation $\bar{A}(r)$ mit geeigneter Auflösung r mit hinreichender Genauigkeit beschrieben werden.

Wie bereits eingangs von Kapitel 2 erwähnt, nutzte Minkowski die Parallelmengen als "geglättete Versionen" zur Längenberechnung einer beliebigen (beschränkten) Kurve. Der Begriff Länge wird hierbei auf den der Fläche (Kurve $\subseteq \Re^2$) bzw. des Volumens (Kurve $\subseteq \Re^3$) zurückgeführt, wobei die Minkowski-Dimension die asymptotische Abhängigkeit des Volumens $\mathcal{L}^N(A_s)$ vom Glättungsgrad s beschreibt,

$$\mathcal{L}^N(A_s) \propto s^{N-\mathcal{M}_*\text{-}dimA} \qquad \text{für } s \to 0.$$

Ein direkterer Weg, das Skalenverhalten einer Kurve zu untersuchen, besteht darin, die Länge $L(\epsilon)$ von geglätteten Approximationen der Kurve als Funktion des Glättungsgrades ϵ zu untersuchen. Hierbei wird ϵ als Grad der Auflösung interpretiert.

Gilt innerhalb eines bestimmten Skalenbereichs das Potenzgesetz

$$L(\epsilon) \propto \epsilon^{1-D} ,$$

so kann D als ein das Skalenverhalten beschreibender Skalenexponent interpretiert werden.

Falls ein derartiges Potenzgesetz für $\epsilon \to 0$ besteht, wird der entsprechende Parameter D als gebrochene Dimension bezeichnet. Wie für verschiedene Glättungsverfahren diese gebrochenen Dimensionen untereinander und andererseits mit den in Kapitel 2 beschriebenen Dimensionsbegriffen zusammenhängen, ist gegenwärtig nicht (streng) geklärt.

Im folgenden werden wir zwei Verfahren zur Skalenanalyse von Kurven des $\Re^2$ betrachten, die auf dem Konzept der Längenberechnung mit Hilfe geglätteter Approximationen beruhen.

Eine gebräuchliche Vorgehensweise in der (numerischen) Integralrechnung bzw. der Längenberechnung einer Kurve A ist die Zerlegung der Kurve in endlich viele Abschnitte mit Hilfe von (Hilfs-) Punkten $x_1, \ldots, x_{N(\epsilon)} \in A \quad (d(x_i, x_j) = \epsilon)$.

Die Länge $L(A)$ der Kurve ist definiert als Supremum der Längen aller Strecken bzw. Polygonzüge $\tilde{A}(\epsilon)$, die sich auf diese Weise der Kurve einschreiben lassen:

$$L(A) = \limsup_{\epsilon \to 0} L(\tilde{A}(\epsilon))$$
$$= \limsup_{\epsilon \to 0} \epsilon \cdot (N(\epsilon) - 1) \, .$$

Im Zusammenhang mit der Fraktalen Geometrie ist dieses Verfahren zur Skalenanalyse unter dem Namen "Coastline-of-Britain Analysis" bekannt. Vor etwa 30 Jahren, 1961, stellte der englische Mathematiker und Geometer Lewis F. Richardson Untersuchungen zu Längenangaben bzw. -berechnungen von Küstenlinien und Landesgrenzen an. Diese Arbeiten waren unter anderem dadurch motiviert, daß sich Angaben über die Länge gemeinsamer Landesgrenzen benachbarter Staaten erheblich voneinander unterschieden.

Richardson stellte fest, daß die Längenangabe in erheblichem Maße vom jeweils benutzten "Berechnungsmaßstab" ϵ abhängt und daß bei immer feiner werdendem ϵ die Länge über alle Grenzen wächst. Ein weiteres empirisch erzieltes Resultat war, daß für die Längen $L(\epsilon) = L(\tilde{A}(\epsilon))$ innerhalb eines gewissen Skalenbereiches folgendes Potenzgesetz gilt:

$$L(\epsilon) \propto \epsilon^{1-D} \quad \text{(siehe Bild 8)} \, .$$

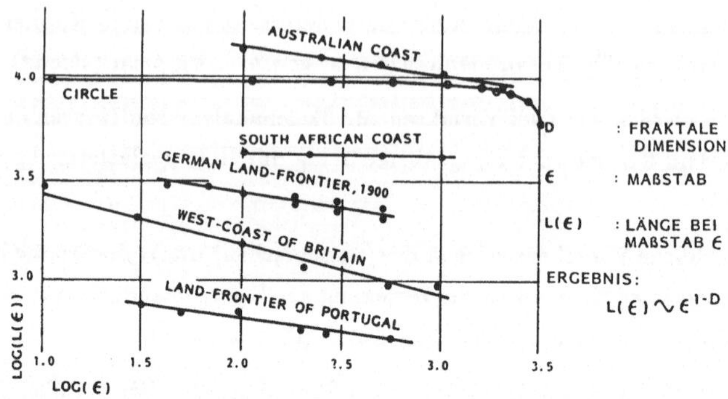

Bild 8: Längen $L(\epsilon)$ verschiedener Küsten in Abhängigkeit des gewählten Maßstabes ϵ (nach Mandelbrot) [1]

Die von Richardson erzielten Resultate wurden von Mandelbrot wiederentdeckt und im Lichte der Fraktalen Geometrie interpretiert. Die Vorgehensweise bei der Längenbestimmung wurde von ihm als mögliches Verfahren zur Skalenanalyse vorgeschlagen.

Die folgenden Bilder zeigen zum einen eine Folge von Polygonzügen zur Approximation einer Kochkurve und zum anderen die daraus abgeleitete doppellogarithmische Darstellung der "Coastline-of-Britain Analysis" (Richardson Plot).

Bild 9: Polygonzugapproximation

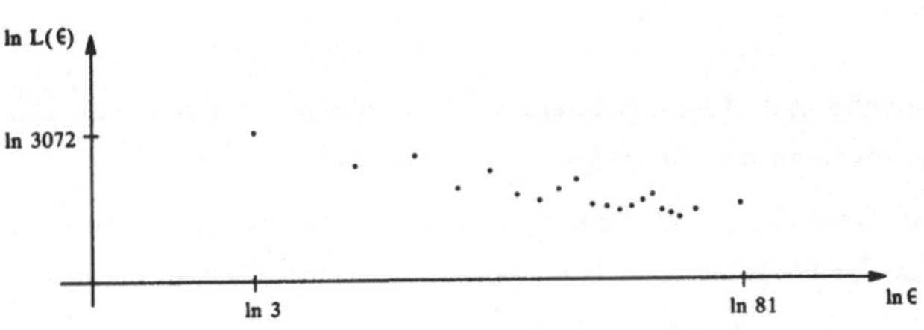

Bild 10: Richardson Plot

Mit Hilfe dieses Verfahrens läßt sich ebenso das Skalenverhalten einer gleichmäßigen Approximation $\bar{A}(r)$ von A mit Auflösung r analysieren, falls als Längenmaßstäbe ϵ ganzzahlige Vielfache von r gewählt werden.

Wie aus Bild 10 ersichtlich ist, ist bereits für die Kochkurve eine lineare Abhängigkeit der zwei Größen auch über begrenzte Skalenbereiche nur schwer abzulesen. Die großen Schwankungen zeigen auf, daß das ermittelte Skalenverhalten sehr stark von der der Berechnung zugrundegelegten "ϵ-Folge" abhängt. Aus diesen Gründen erscheint das "Coastline-of-Britain Analysis"-Verfahren zur numerischen Skalenanalyse weniger geeignet.

Ein vielversprechendes Verfahren, welches im folgenden vorgestellt werden soll, basiert auf einer Methode, die unter anderem in der Bildverarbeitung bzw. in der Mustererkennung schon seit geraumer Zeit zur Anwendung kommt.

Bei vielen Aufgabenstellungen in der Bildverarbeitung, beispielsweise der Auswertung von Satellitenaufnahmen, ist eine skalenunabhängige Beschreibung des Bildinhaltes durch geeignete Größen von Nutzen. Häufig benutzte Merkmale in der Mustererkennung stellen die im Bild auftretenden Kanten bzw. lokalen Extrempunkte dar.

Um eine skalenunabhängige Beschreibung von Bildern beispielsweise anhand von Kanten zu erreichen, wird die Merkmalsextraktion nicht nur im Originalbild vorgenommen, sondern in einer Folge von Bildern, die durch Glättung des Originalbildes erzeugt werden. Man geht davon aus, daß bei geeigneter Wahl der Glättung von Bildern desselben

Objektes eine Folge entsteht, die innerhalb eines bestimmten Bereiches unabhängig von der aktuellen Aufnahme eines einzelnen Bildes ist. Das heißt, Bilder verschiedener Auflösung haben eine "identische Folge" geglätteter Bilder. Dieses von Witkin entwickelte Verfahren ist unter dem Namen "Scale Space Filtering" (SSF) bekannt [24], [25]. Die Glättung des auszuwertenden Signals wird hierbei durch Faltung mit einem geeigneten Faltungskern erzielt, wobei der Kern von einem stetig veränderbaren Skalenparameter abhängt.

Um eine sinnvolle und skalenunabhängige Auswertung vornehmen zu können, sind folgende Forderungen an das Faltungsergebnis notwendig:

- das beim Grenzübergang (Skalenparameter gegen Null bzw. Unendlich) erhaltene Signal ist das Originalsignal bzw. nimmt nur einen konstanten Wert an

- auf gröberer Skala (größerer Skalenparameter) können keine neuen Extrempunkte auftreten.

Witkin konnte in seinen Arbeiten zeigen, daß für eindimensionale Signale $x(t), t \in \Re$, allein die Gaußfunktion $g(t, \sigma), \sigma > 0$, diese Forderungen erfüllt. Dadurch ist eine kontinuierliche Folge von geglätteten und stetigen Signalen $c(t, \sigma)$ definiert:

$$c(t, \sigma) \stackrel{\text{def}}{=} x(t) * g(t, \sigma) = \int_{-\infty}^{\infty} x(u) \frac{1}{\sigma \sqrt{2\pi}} e^{\frac{-(t-u)^2}{2\sigma^2}} \, du.$$

Jedes Folgenglied hängt von der jeweiligen Standardabweichung σ ab, die hier als Skalenparameter dient (siehe Bild 11).

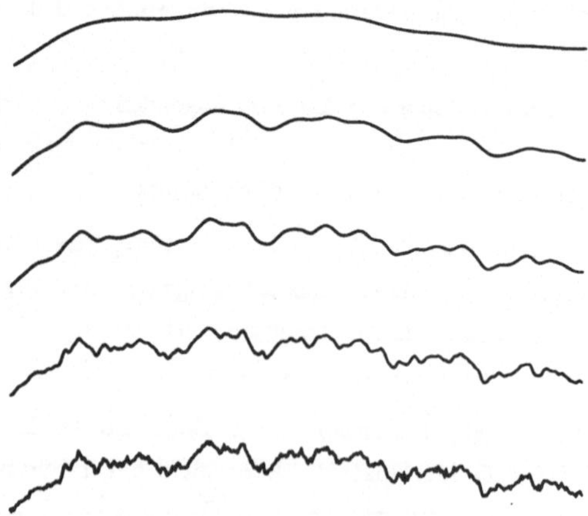

Bild 11: Folge von Gauß-geglätteten Signalen

Die Bestimmung der lokalen Extrempunkte dieser Folge von Signalen führt zum sogenannten "Fingerabdruck" des Ursprungssignals (Bild 12).

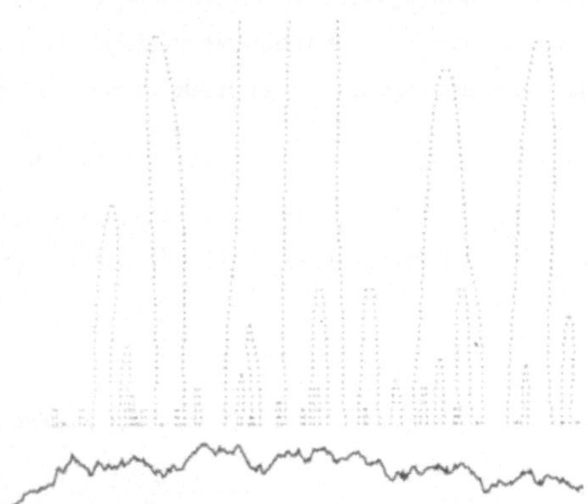

Bild 12: Fingerabdruck des Signals

Jeder Punkt innerhalb dieser Darstellung bezeichnet einen Extrempunkt zum Zeitpunkt t und Skala σ.

Da die stetigen Signale $c(t, \sigma)$ als geglättete Approximation der Kurve $x(t)$ aufgefaßt werden können, liegt es nahe, hiermit analog zur "Coastline-of-Britain Analysis" eine Skalenuntersuchung im Sinne der Fraktalen Geometrie durchzuführen [26]. Die Ausgangskurve $x(t)$ ist ein zeitbegrenztes Signal ($t \in [a, b] \subseteq \Re$) und muß, um die Faltung durchführen zu können, in geeigneter Weise auf ganz $\Re$ erweitert werden. Hierzu bieten sich zwei Vorgehensweisen an:

wir definieren ein Signal $\tilde{x}(t)$ aus $x(t)$, indem wir setzen

a) $\tilde{x}(t) = \begin{cases} x(t) & t \in [a, b] \\ 0 & \text{sonst} \end{cases}$ oder

b) $\tilde{x}(t) = x(\tau)$ für $t = \tau + k(b - a)$, $k \in \mathcal{N}$; x wird auf ganz $\Re$ periodisch fortgesetzt.

Zur Analyse des Skalenverhaltens wird die Länge $L(\sigma)$ der Signale $c(t, \sigma)$ auf dem eingeschränkten Bereich $[a, b]$ berechnet und die Abhängigkeit der Größen $\ln \sigma$ und $\ln L(\sigma)$ studiert. Wenn sich innerhalb gewisser Skalenbereiche eine lineare Abhängigkeit zeigt,

$$\ln L(\sigma) \propto p \ln \sigma,$$

so kann die Steigung p der damit definierten Geraden als Maß für das Skalenverhalten dienen.

Ein möglicher Zusammenhang zwischen "Skalenexponent" p und einer gebrochenen Dimension sowie die Allgemeingültigkeit des dargestellten Potenzgesetzes sind bisher nicht geklärt, wie übrigens auch im Fall der "Coastline-of-Britain Analysis". Im Gegensatz zum letztgenannten Verfahren ist jedoch für die Gauß-Glättung die berechnete Länge eine monotone Funktion in Abhängigkeit vom Skalierungsparameter. Der Nachweis dieser Monotonieeigenschaft von Längen in Abhängigkeit der Skala ist nachfolgend dargestellt. Sie ist eine wesentliche Voraussetzung, um das Scale Space Filtering zur Skalenanalyse einzusetzen.

Satz Sei $f : \Re \to \Re$ eine reellwertige Funktion, die periodisch ist mit Periode $(b - a)$ $\left(f(x + (b - a)) = f(x)\right.$ mit $a, b \in \Re$), $g(x, \sigma)$ die Gaußfunktion mit Standardabweichung σ und

$$c(x, \sigma) = f(x) * g(x, \sigma).$$

Sei weiterhin $L(\sigma)$ die Länge des geglätteten Signals $c(x, \sigma)$ für $x \in [a, b]$,

$$L(\sigma) = \int_a^b \sqrt{1 + c_x(x, \sigma)^2}\, dx,$$

wobei c_x die partielle Ableitung von c nach x beschreibt.

Dann gilt

$$L(\sigma_1) \geq L(\sigma_2) \quad \text{für } \sigma_1 < \sigma_2.$$

<u>Beweis</u>

Wir untersuchen die Monotonie von L in σ:

$$\frac{\partial}{\partial \sigma} L(\sigma) = \int_a^b \frac{c_x(x, \sigma) c_{x\sigma}(x, \sigma)}{\sqrt{1 + c_x(x, \sigma)^2}}\, dx$$

$$= \left[\frac{c_x(x, \sigma) c_\sigma(x, \sigma)}{\sqrt{1 + c_x(x, \sigma)^2}}\right]_a^b - \sigma \int_a^b \frac{c_{xx}(x, \sigma)^2}{\sqrt{1 + c_x(x, \sigma)^2}} \frac{1}{1 + c_x(x, \sigma)^2}\, dx$$

$$\leq \left[\frac{c_x(x, \sigma) c_\sigma(x, \sigma)}{\sqrt{1 + c_x(x, \sigma)^2}}\right]_a^b$$

(hierbei wurde benutzt, daß $g_\sigma(x, \sigma) = \sigma g_{xx}(x, \sigma)$ gilt).

Da $f(x)$ periodisch ist, ist weiter

$$c_x(a, \sigma) = c_x(b, \sigma)$$

und

$$c_\sigma(a, \sigma) = c_\sigma(b, \sigma).$$

Daraus folgt

$$\frac{\partial}{\partial \sigma} L(\sigma) \leq 0.$$

Damit folgt gerade die Behauptung.

Um für eine gleichmäßige Approximation $\bar{A}(r) = \{x_0, \ldots, x_{n-1}\}$ einer fraktalen Menge $x(t), (t \in [a,b])$, eine Fraktalanalyse mit Hilfe einer Gauß-Glättung vornehmen zu können, muß auch der Gauß-Kern in geeigneter Weise diskretisiert werden. Um numerische Fehler möglichst gering zu halten, wurde folgende diskrete Version gewählt [27]:

$$\tilde{g}(k,\sigma) = \left\{ \begin{array}{l} \displaystyle\int_{k-\frac{1}{2}}^{k+\frac{1}{2}} \frac{1}{\sigma\sqrt{2\pi}} e^{-\frac{u^2}{2\sigma^2}} \, du, \quad |k| \leq 5,6\,\sigma \\ 0 \quad \text{sonst}, \end{array} \right.$$

mit k ganzzahlig.

Die zur Berechnung eines Skalenexponenten notwendigen geglätteten diskreten Approximationen $c(k,\sigma)$ werden durch eine zyklische diskrete Faltung berechnet:

$$c(k,\sigma) = \sum_{j=0}^{n-1} x_j \tilde{g}(k-j,\sigma).$$

Als "Länge" der diskreten Kurve $c(k,\sigma)$ dient der folgende Ausdruck:

$$L(\sigma) = \sum_{j=1}^{n-1} \sqrt{\left(c(j,\sigma) - c(j-1,\sigma)\right)^2 + 1}.$$

Wie bei den anderen Verfahren zur Bewertung des Skalenverhaltens soll auch hier eine Skalenanalyse exemplarisch am Beispiel der Kochkurve durchgeführt werden.

Wir gehen hierzu von einer gleichmäßigen Approximation $\bar{A}(r) = \left\{(x_i, y_i)\right\}_{i=0}^{n-1}$ der Kochkurve aus. Um die diskrete "Kurve" zu glätten, werden die x- bzw. y-Komponenten jeweils unabhängig voneinander mit einer Gaußfunktion gefaltet:

$$\tilde{x}(i) = x(i) * \tilde{g}(i,\sigma)$$

$$\tilde{y}(i) = y(i) * \tilde{g}(i,\sigma).$$

Die geglätteten Approximationen $\tilde{c}(\sigma)$ von $\bar{A}(r)$ sind damit definiert als:

$$\tilde{c}(\sigma) = \left\{\tilde{x}(i), \tilde{y}(i)\right\}_{i=0}^{n-1} \qquad \text{(siehe Bild 13)}.$$

Bild 13: Folge von Gauß-geglätteten Versionen der Kochkurve

Berechnet man die Länge dieser geglätteten Signale in Abhängigkeit vom Skalierungsparameter, so erhält man folgende doppellogarithmische Darstellung (Bild 14).

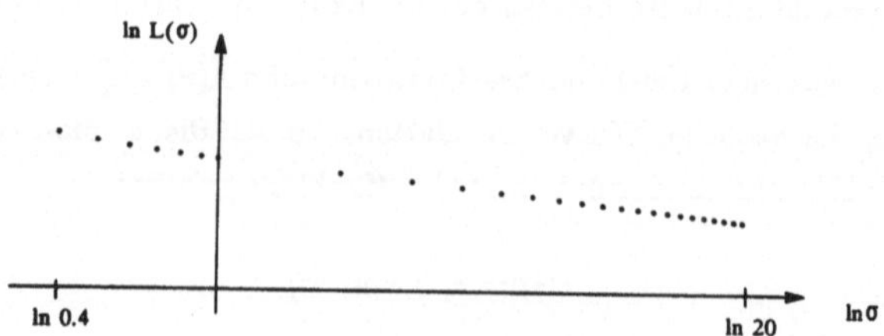

Bild 14: Analyse der Signallänge L in Abhängigkeit von der Varianz σ^2

Der Verlauf der dargestellten Kurve läßt den Schluß zu, daß eine lineare Abhängigkeit der zwei Größen besteht. Damit kann der Skalenexponent als Steigung der Geraden innerhalb des ausgewerteten Skalenbereiches berechnet werden.

Eine Erweiterung der Gauß- Glättung zur Auswertung höherdimensionaler Signale, beispielsweise fraktaler Flächen im $\Re^3$ oder allgemeiner Hyperflächen $F(x_1, \ldots, x_N)$ im $\Re^{N+1}$ ist durch Verwendung einer entsprechenden mehrdimensionalen Gaußfunktion einfach realisierbar:

$$c(x_1, \ldots, x_N, \sigma) \overset{\text{def}}{=} \int_{y_1} \cdots \int_{y_N} F(y_1, \ldots, y_N) \frac{1}{(\sigma\sqrt{2\pi})^N} e^{-\frac{(x_1-y_1)^2}{2\sigma^2} - \cdots - \frac{(x_N-y_N)^2}{2\sigma^2}} \, dy_1 \ldots dy_N.$$

Die entsprechende diskrete Version läßt sich analog dem eindimensionalen Fall ($N = 1$) herleiten.

Die dargestellten praktischen sowie theoretischen Resultate zeigen, daß die "Gauß-Glättung" zur Bestimmung des Skalenverhaltens besser geeignet ist als die Coastline-of-Britain Analysis. Ein Vorteil gegenüber dem Verfahren zur Bestimmung der Minkowski-Dimension liegt darin, daß die numerische Berechnung mittels eines schnellen Algorithmus und entsprechender Hardware realisiert werden kann, was vor allem für die praktische Anwendung von großem Nutzen ist.

Trotz des Einsatzes solcher Hardware bleibt die Faltung mit einem Gaußkern mit einem gewissen Rechenaufwand verbunden. In der Signaltheorie werden deshalb einfacher zu realisierende Glättungsoperationen vorgeschlagen wie beispielsweise Faltung mit einem Rechteckkern oder das 'Sub-sampling' Verfahren. Zur Bewertung dieser verschiedenen Methoden als Verfahren zur Skalenanalyse liegt es nahe, die Fouriertransformierte des gefalteten bzw. geglätteten Signals mit der Fouriertransformierten des Ausgangssignals zu vergleichen. Diese Auswertung erlaubt eine Aussage darüber, welche Eigenschaften des ursprünglichen Signals auf verschiedenen Skalen erhalten bleiben.

Im folgenden wird ein reellwertiges und stetiges Signal $x(t), t \in \Re$, zugrundegelegt, dessen Fouriertransformierte existiert (also beispielsweise $x(t)$ absolut-integrierbar):

$$X(f) = \int_{-\infty}^{\infty} x(t) e^{-i2\pi ft} dt.$$

Die Fouriertransformierte eines mit einem Gaußkern mit Standardabweichung σ geglätteten Signals ergibt sich durch Anwendung des Faltungstheorems als

$$C(f, \sigma) = X(f) \cdot G(f, \sigma)$$

mit

$$G(f, \sigma) = e^{-2\pi^2 \sigma^2 f^2}.$$

Die Fouriertransformierte einer Gaußfunktion ist also bis auf einen konstanten Vorfaktor wiederum eine Gaußfunktion. Damit kann die Gauß- Glättung als Tiefpaßfilter interpretiert werden. Weiterhin gilt, daß einer Verkleinerung des Faltungskerns im Ortsraum eine Vergrößerung bzw. Verbreiterung der entsprechenden Fouriertransformierten im Frequenzraum entspricht. Für kleiner werdenden Skalenparameter σ werden also die höherfrequenten Anteile des Originalsignals immer stärker gewichtet und damit ein 'setiger' Übergang von Glättungsstufe zu Glättungsstufe erzielt.

Die Anwendung eines Rechteckfensters zur Glättung und Skalenanalyse bedeutet zunächst eine Reduzierung der notwendigen Rechenschritte im Vergleich zur Gauß-Glättung bei identischer Kerngröße. Analog zur Gauß-Glättung entspricht der Faltung im Ortsraum eine Multiplikation im Frequenzraum. Die Fouriertransformierte eines Rechteckfensters,

$$h(t) = \begin{cases} A & \text{falls } |x| < \sigma \\ A/2 & \text{falls } |x| = \sigma \\ 0 & \text{sonst} \end{cases}$$

ist

$$H(f) = 2A\sigma \frac{\sin(2\pi\sigma f)}{2\pi\sigma f} \quad \text{(siehe Bild 15)}.$$

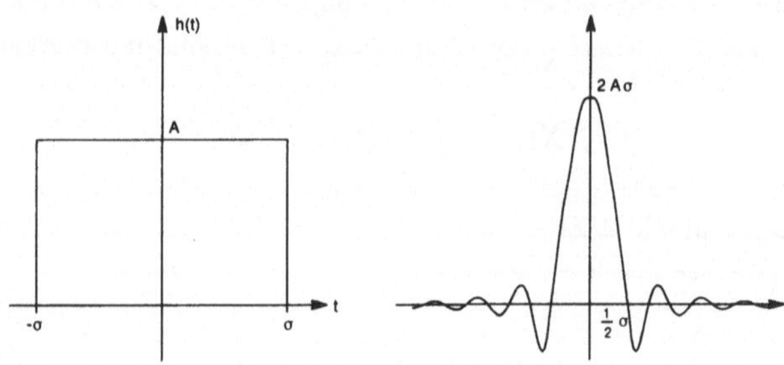

Bild 15: Rechteckfunktion und Fouriertransformierte

Im Gegensatz zur Fouriertransformierten der Gaußfunktion werden Frequenzanteile mit positivem und negativem Vorzeichen gewichtet, wobei die entsprechenden Frequenzen darüberhinaus noch vom jeweiligen Glättungsgrad abhängig sind.

Beim letzten Verfahren, das hier bewertet werden soll, dem sogenannten Sub-Sampling, wird ausgehend von einem Signal $x(t)$ eine Folge von diskreten Funktionen wie folgt definiert:

$$c(\sigma) = \left\{ x(n\sigma) \right\}_{n=-\infty}^{\infty}$$

Es ist unmittelbar klar, daß die Länge der geglätteten Signale wie bei der Gauß-Glättung eine monotone Funktion in Abhängigkeit des Skalenparameters σ darstellt.

Für die folgenden Betrachtungen sollen die diskreten Approximationen als Abtastsignale interpretiert werden:

$$c(t,\sigma) = \sum_{n=-\infty}^{\infty} x(n\sigma)\delta(t - n\sigma).$$

Hierbei steht δ für die Dirac'sche Deltafunktion; das Produkt ist im Sinne der Distributionstheorie anzuwenden. Der Skalenparameter σ ist identisch zur Abtastperiode.

Umformuliert ergibt sich für das Abtastsignal der folgende Ausdruck:

$$c(t,\sigma) = \sum_{n=-\infty}^{\infty} x(t)\delta(t - n\sigma)$$
$$= x(t) \sum_{n=-\infty}^{\infty} \delta(t - n\sigma).$$

Dies entspricht gerade der Multiplikation von $x(t)$ mit einem Dirac'schen Deltakamm $\Delta(t)$.

Durch Anwendung des Faltungstheorems folgt, daß sich die Fouriertransformierte des Abtastsignals $c(t,\sigma)$ durch Faltung der Fouriertransformierten von $x(t)$ mit der Fouriertransfomierten des Deltakamms ergibt. Letztgenannte ist wiederum ein Deltakamm mit Periode $1/\sigma$. Insgesamt ergibt sich das folgende Bild (siehe auch [28]):

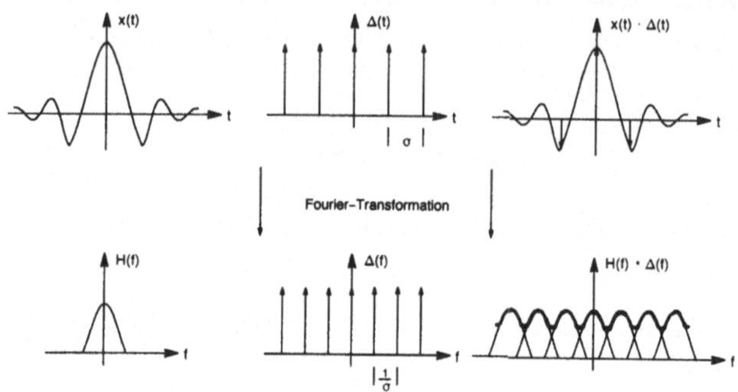

Bild 16: Sub-Sampling

Bei genügend kleinem σ und einem bandbegrenztem Signal $x(t)$ ergibt sich die Fouriertransformierte des Abtastsignals als periodische Funktion, die innerhalb jeder Periode bis auf einen konstanten Faktor identisch zur Fouriertransformierten der Funktion $x(t)$ ist. Bei zu großen σ-Werten bzw. nicht bandbegrenzten Signalen, und hierbei wird es sich in der Regel bei fraktalen Mengen handeln, tritt die in Bild 16 dargestellte Bandüberlappung auf: durch eine zu niedrige Abtastrate (große Abtastperiode) und dementsprechend kleiner Periode des zugehörigen Frequenzbereich-Deltakamms überlappen die Perioden und die Fouriertransformierte des Abtastsignals wird verzerrt. Die Frequenzanteile des Originalsignals werden damit unabhängig von der Frequenz und vom Glättungsgrad unterschiedlich stark gewichtet.

Sowohl beim Sub-Sampling als auch bei der Faltung mit einem Rechteckfenster zeigt die Fouriertransformierte des geglätteten Signals, daß für kleinerwerdendes σ im Gegensatz zur Gauß-Glättung kein kontinuierlicher Übergang von Glättungsergebnis zu Glättungsergebnis stattfindet. Darüberhinaus steht in beiden Fällen die Gewichtung der Frequenzanteile des Originalsignals in keiner eineindeutigen Beziehung zum Skalenparameter. Damit erscheinen beide Verfahren als ungeeignet für eine Anwendung in der Skalenanalyse.

Ein weites Anwendungsgebiet der Fraktalen Geometrie findet sich in der Generierung von Bildern mit oftmals hohem ästhetischen Reiz. Als bekanntestes Beispiel sei hier die Mandelbrotmenge angeführt. Die Arbeiten von Voss [19] und Barnsley [16] zeigen, daß mit Hilfe dieser Verfahren nicht nur die Erzeugung solcher eher hypothetischen Formen möglich ist, sondern auch die Simulation realistischer, in der Natur auftretender Objekte, wie Küstenlinien, Gebirgsformen, biologischer Strukturen usw. .

Gerade diese Nähe zur realen Welt läßt den Wunsch aufkommen, die Ideen der Fraktalen Geometrie zur numerischen Auswertung von bildhaften, im Rechner vorliegenden Daten zu nutzen. Eine solche Auswertung kann beispielsweise dadurch erfolgen, daß eine gebrochene Dimension bzw. ein Skalenexponent als charakteristisches Merkmal berechnet wird. Mögliche Verfahren hierzu stellen die in diesem Kapitel besprochenen Methoden dar. Die guten Ergebnisse, die bei der Auswertung eindimensionaler Signale erzielt werden konnten, sowie die möglichen, kurzen Rechenzeiten lassen gerade das "Gauß-Glättungs-Verfahren" am vielversprechendsten erscheinen.

Die mögliche Nutzung des Skalenexponenten als beschreibendes Merkmal von Bilddaten ist Thema des nächsten Kapitels.

5 Bildverarbeitung und Texturanalyse

Bilder und die darin enthaltene Information sind seit der Entdeckung der Photographie auch ein wichtiges Hilfsmittel der Wissenschaft. Historisch anzuführen sind hier beispielsweise die Vermessung von Sternpositionen auf Photoplatten oder später die Herstellung von Landkarten aus Luftbildaufnahmen etc. [29]. Die manuelle Auswertung solcher Bilddaten war jedoch immer sehr zeitraubend und fehleranfällig. Seit der Entwicklung der ersten Computer ist man deshalb bemüht, die in Bildern enthaltenen und für die jeweilige Fragestellung bedeutenden Informationen automatisch zu extrahieren.

Waren die Applikationen dieser automatischen Bildanalyse bzw. Bildverarbeitung lange Zeit auf wenige Bereiche beschränkt, so sind heute durch die in jüngerer Zeit erfolgte Entwicklung der Computertechnologie sowohl in bezug auf die Rechnerleistung als auch die Kosten, Anwendungen in nahezu allen Wissenschaftsbereichen zu finden.

Die folgende Auflistung soll einen kleinen Eindruck vermitteln [30, 31]:

- Medizin   (Tomographie, Thermographie, Radiologie, Ultraschallmessungen, Zell- und Chromosomenbildanalyse)

- Biologie   (Auswertung mikroskopischer Aufnahmen, Beobachtung von Wachstumsprozessen)

- Physik   (Auswertung von Nebel- und Blasenkammerbildfolgen, Einsatz in der Plasmaphysik)

- Metallurgie   (Auswertung mikroskopischer Aufnahmen)

- Astronomie   (Auswertung von optischen und radioastronomischen Bilddaten)

- Archäologie   (Luftbildauswertung zur Entdeckung von historischen Baulichkeiten)

- Geophysik   (z.B. Auswertung von Luftbildern)

Ein Einsatzbereich der Bildverarbeitung, der in den letzten Jahren immer mehr an Bedeutung gewonnen hat, ist die industrielle Prozeßautomation, speziell die Steuerung von Robotern und Handhabungssystemen, die Navigation von autonomen Maschinen und die Qualitätsprüfung. Gerade als Hilfsmittel der Qualitätstechnik erwartet man für die nächsten Jahre viele Anwendungsbereiche der Bildverarbeitung. Neben dem Einsatz der Bildverarbeitung in der optoelektronischen Koordinatenmeßtechnik [32] steht hier die Automatisierung visueller Sichtprüfaufgaben im Vordergrund. Gegenüber einer vom Menschen durchgeführten Inspektion bietet diese Automatisierung Vorteile wie:

- Objektivität der Qualitätsprüfung

- hohe Zuverlässigkeit

- Prüfung auch unter schwierigsten Umgebungsbedingungen.

Der zur automatischen Prüfung notwendige apparative Aufwand steht den Folgekosten gegenüber, die das Verbleiben fehlerhafter Stücke im Los hat, plus den Kosten der irrtümlich als schlecht ausgelesenen fehlerfreien Stücke [33].

Wenn man bedenkt, daß durchschnittlich 6–12 % der Mitarbeiter eines Betriebs in der Qualitätssicherung tätig sind, wovon etwa 30 % Sichtprüfung durchführen, so wird klar, welch großes Marktpotential für die rechnerunterstützte Bildverarbeitung allein in diesem Bereich vorhanden ist [34].

Wichtige Aufgabenstellungen bei der Sichtprüfung sind u.a. die Vollständigkeitskontrolle, beispielsweise zur Überprüfung bestückter Leiterplatten, die Identifikation von Teilen sowie die Oberflächeninspektion zur Erkennung von Fehlstellen auf Metallen oder Holz, Webfehlern bei Textilien, Druckfehlern bei Papierwaren und vieles mehr (Bild 17).

Bild 17: Webfehler

Gerade die Warenschau in der Bekleidungs- und Textilindustrie, also die manuelle Qualitätskontrolle von gewebten und gestrickten Textilien, zeigt, welch hohe Anforderungen an den menschlichen Prüfer gestellt werden. Aufgrund der immensen Verarbeitungsgeschwindigkeiten ist eine sichere, objektive und reproduzierbare Erkennung von Fehlern nicht gewährleistet [35].

Um eine rechnerunterstützte Bildverarbeitung vornehmen zu können, ist es zunächst notwendig, das zu analysierende Objekt in eine dem Rechner verständliche Form zu bringen. Nach der Abbildung, ein optisches System projiziert das reale (dreidimensionale) Objekt auf eine zweidimensionale Bildebene, wird das kontinuierliche Bild in ein diskretes Raster von Bildpunkten (engl. Pixel) transformiert. Dieser Vorgang wird als Bildrasterung bezeichnet.

In einem zweiten Schritt, der Bildquantisierung, müssen die in jedem Bild vorliegenden kontinuierlichen Intensitätswerte auf eine endliche Menge von Grauwerten abgebildet werden. Die beschriebene Umsetzung eines kontinuierlichen Bildes in eine rechnerkompatible Form wird als Digitalisierung bezeichnet (Bild 18).

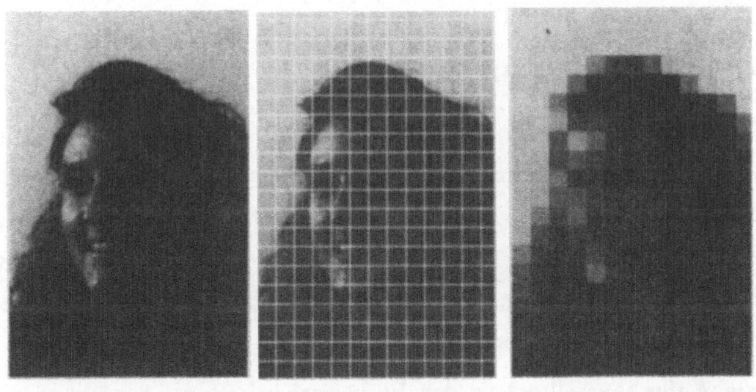

Bild 18: a) "kontinuierliches Bild"
    b) Rasterung
    c) Quantisierung (64 Grauwerte)

Ein solches digitalisiertes Bild wird häufig als Bildmatrix W interpretiert

$$
W = \begin{pmatrix}
W(0,0) & W(1,0) & \dots & W(N_1-1,0) \\
W(0,1) & W(1,1) & \dots & W(N_1-1,1) \\
\vdots & \vdots & \ddots & \vdots \\
W(0,N_2-1) & W(1,N_2-1) & \dots & W(N_1-1,N_2-1)
\end{pmatrix},
$$

wobei $W(i,j)$ den Grauwert des Bildpunktes (i,j) bezeichnet.

Eine mögliche andere Darstellungsform eines Bildes ist das sogenannte Grauwertgebirge (Bild 19).

Bild 19: Grauwertgebirge

Neben den hier besprochenen Grauwertbildern kann bei manchen Anwendungen die Auswertung von Farbbildern mit der gegenüber Grauwertbildern zusätzlichen (Farb-) Information erforderlich sein. Jedem Bildpunkt des digitalen Farbbildes ist statt eines Grauwertes $W(i,j)$ ein Farbvektor $F(i,j) = (R(i,j), G(i,j), B(i,j))$ mit den Komponenten R, G und B für Rot, Grün und Blau zugeordnet. Wir wollen uns im weiteren mit der Analyse von digitalen Graubildern beschäftigen.

Eine spezielle Aufgabenstellung in der Bildverarbeitung ist die Entwicklung von Verfahren zur Klassifikation bzw. Unterscheidung von Bildstrukturen oder -bereichen wie exemplarisch in den Bildern 20 bis 22 und in Bild 17 dargestellt.

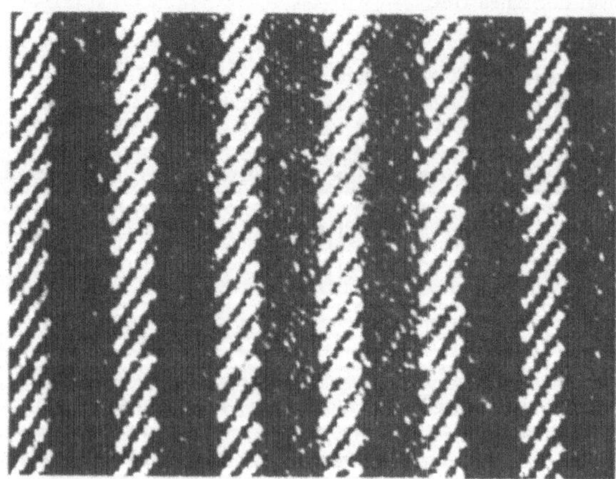

Bild 20: Textur (aus [36])

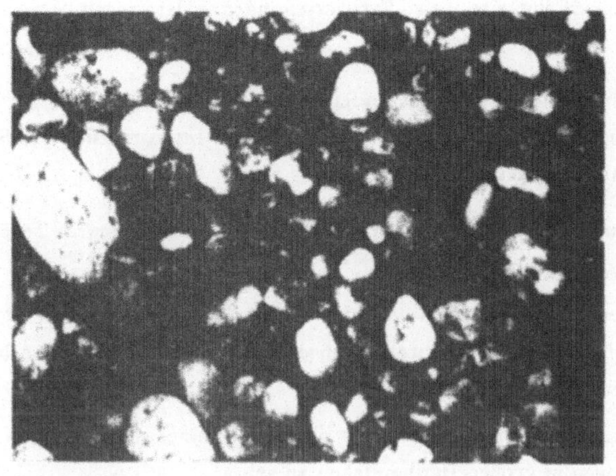

Bild 21: Textur (aus [36])

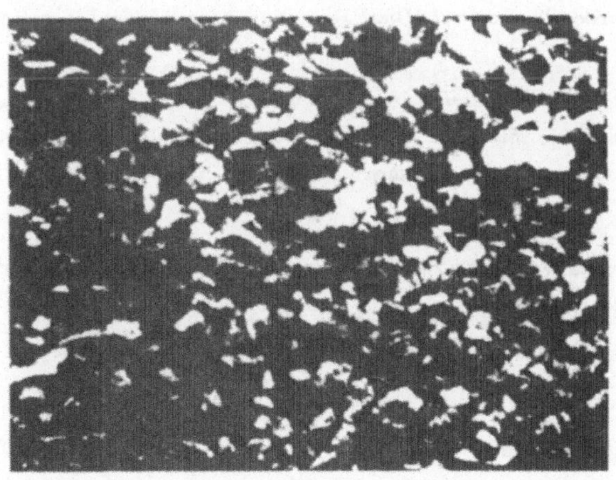

Bild 22: Textur (aus [36])

Die Bewertung von Bildern anhand der Oberflächenstruktur (der Textur), die sich im Bild in Form von Helligkeits- bzw. Farbverteilungen widerspiegelt, ist Aufgabe der Texturanalyse.

Die hierzu entwickelten Verfahren finden nicht nur Anwendung in der automatischen Sichtprüfung, sondern werden beispielsweise auch zur Interpretation von Satelliten- bzw. Luftbildaufnahmen eingesetzt.

Es existieren in der Literatur zahlreiche Erläuterungen zum Begriff Textur, wovon hier einige wiedergegeben sind:

H. Kazmierczak [37] beschreibt Textur als die flächenhafte Verteilung der Grauwerte mit ihren Regelmäßigkeiten und gegenseitigen Abhängigkeiten innerhalb begrenzter Bildbereiche.

H. Niemann [38] definiert Textur als Eigenschaft eines Bildes, inhomogen in kleinen, aber homogen in großen Bildbereichen zu sein.

K.W. Pratt [39] führt Textur als die Beschreibung der räumlichen Anordnung von Bildpunkten ein.

Diese Begriffsumschreibungen stellen weniger eine mathematische Definition als vielmehr den Versuch einer vagen Beschreibung von Textur dar. R. Haralick [40] weist darauf hin, daß trotz der Bedeutung und Allgegenwart der Textur in Bilddaten keine exakte Definition des Texturbegriffs existiert. Diese Definitionsschwierigkeit kommentiert Mandelbrot wie folgt [1]:

Textur ist ein nebulöser Begriff, den Mathematiker und Naturwissenschaftler zu vermeiden suchen, weil sie ihn nicht recht fassen können. Für Ingenieure und Künstler ist er unvermeidbar, doch gelingt es ihnen meist nicht, ihn zu ihrer vollen Zufriedenheit zu beherrschen.

Die verschiedenen Verfahren zur Texturanalyse werden im allgemeinen folgenden drei Bereichen zugeordnet:

- Texturklassifikation

- Textursynthese

- Textursegmentation

Das Ziel der Texturklassifikation ist die Zuordnung von Objekten zu bestimmten Kategorien bzw. Klassen anhand texturbeschreibender Merkmale, die aus dem Bild gewonnen werden. Die eigentliche Erkennung bzw. Klassifikation anhand dieser Merkmale wird mit Hilfe sogenannter Klassifizierungssysteme durchgeführt [41].

Die Textursynthese hat zur Aufgabe, digitale Bilder zu generieren, die eine möglichst naturgetreue Oberflächenstruktur darstellen. Die hierzu entwickelten Verfahren werden zu einem Großteil in der Computer-Animation eingesetzt.

Bei der Textursegmentation wird ein Bild in Bereiche unterteilt, die folgende Forderungen erfüllen:

- jeder Bildpunkt gehört genau einem Texturbereich an
- alle Bildpunkte eines Bereichs besitzen dasselbe Texturmerkmal
- Bildpunkte verschiedener Bereiche haben verschiedene Texturmerkmale.

Um eine Separierung vornehmen zu können, muß also für jeden Bildpunkt ein Texturmerkmal berechnet und Bildpunkte mit gleichem Merkmal zusammengefaßt werden. Zur Ermittlung einer lokalen Größe muß der Bildinhalt in einer möglichst kleinen Umgebung des jeweiligen Bildpunktes analysiert werden. Da Textur jedoch eine globale Eigenschaft eines Bildes ist, muß zur Texturmerkmalsberechnung ein hinreichend großer Bildbereich ausgewertet werden. Hier gilt es, einen geeigneten Kompromiß zu finden.

In der Literatur wird eine Fülle von Verfahren zur Texturklassifikation vorgestellt. Diese Verfahren können auch zur Textursegmentation verwendet werden, indem die Textur für jeden Punkt in einer bestimmten Umgebung klassifiziert bzw. analysiert wird. Einige dieser Verfahren sollen kurz vorgestellt werden.

Einen Überblick vermittelt die schematische Darstellung in Bild 23.

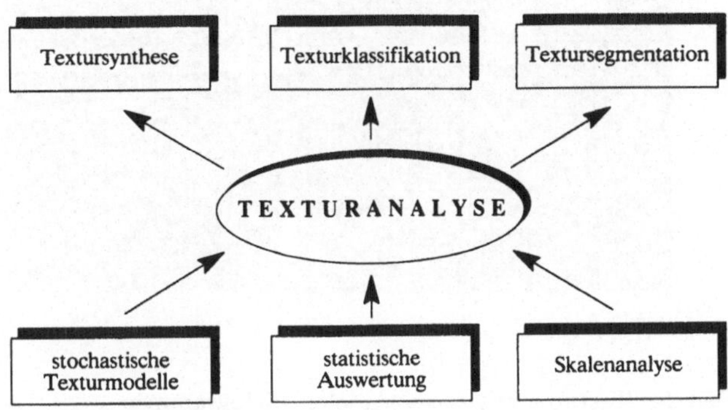

Bild 23: Texturanalyse

Histogrammanalyse

Die Analyse der Histogramme von Grauwertbildern stellt das einfachste Verfahren zur Texturklassifikation dar. Die Einfachheit des Verfahrens erlaubt es, eine Histogrammanalyse schnell durchzuführen. Sie hat deshalb in der Vergangenheit besonders bei der industriellen Texturanalyse Anwendung gefunden.

Das Grauwerthistogramm stellt eine Häufigkeitsverteilung der im untersuchten Bildausschnitt auftretenden Grauwerte dar. Durch eine Normierung des Histogramms kann diese Verteilung als Wahrscheinlichkeitsverteilung interpretiert werden. Damit lassen sich statistische Kenngrößen wie Momente k-ter Ordnung oder die Entropie berechnen.

Allein die Form des Histogramms erlaubt Aussagen über die Struktur des untersuchten Bildgebietes. Sehr homogene (glatte) Strukturen weisen ein Histogramm mit einer ausgeprägten Spitze auf, während rauhe, inhomogene Texturen sehr große Grauwertschwankungen haben und damit zu einem sehr gleichmäßigen Histogramm führen (siehe Bild 24).

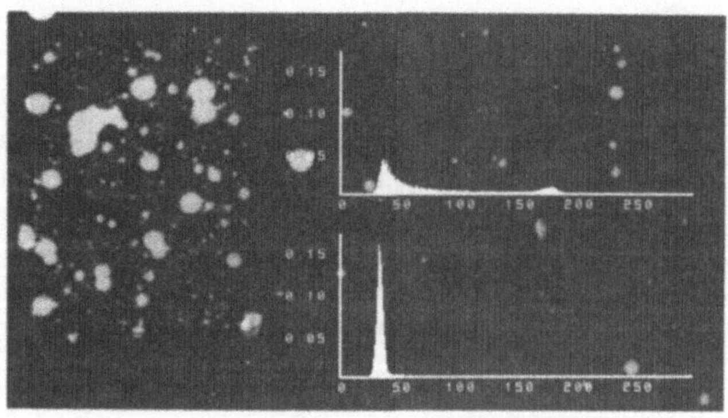

Bild 24: Texturen mit eingeblendeten Histogrammen

Die Analyse eines globalen Histogramms kann jedoch nur bei den wenigsten Texturproblemen zum Erfolg führen, da jegliche Information über die räumliche Grauwertverteilung verloren geht. Es scheint jedoch, daß gerade diese Information für die Texturklassifikation von Bedeutung ist.

Verlaufslängenmatrix

Bei diesem Verfahren wird die Grauwertabhängigkeit benachbarter Bildpunkte entlang vorgegebener Linien ausgewertet. Die Linien überdecken den auszuwertenden Bildausschnitt mit vorgegebenem Abstand d und einem Neigungswinkel α gegenüber der Abszisse des Koordinatensystems des Bildes (Bild 25a).

Der mögliche Grauwertbereich von 0 bis 255 wird in einzelne Abschnitte i_1 bis i_m eingeteilt. Das Element $n(i,j)$ der Verlaufslängenmatrix n ist die Anzahl der Linienstücke, die entlang einer Strecke der Länge j in einem Grauwertabschnitt i liegen (Bilder 25b, 25c).

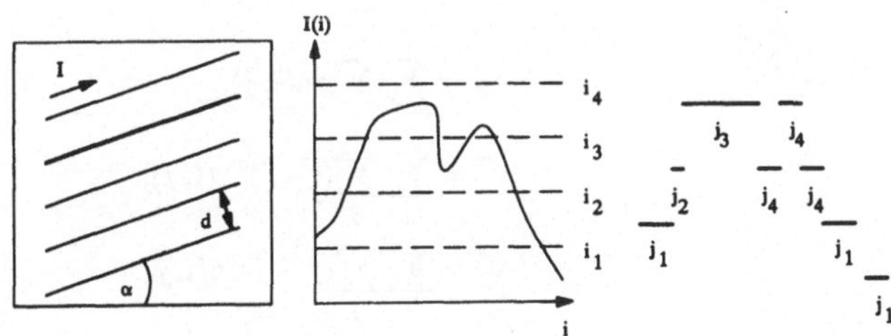

Bild 25: Auswertung des Grauwertverlaufs längs vorgegebener Linien

Bei inhomogenen Oberflächenstrukturen werden relativ lange Verlaufslängen erwartet, wohingegen in feinen Strukturen eher kurze Verlaufslängen auftreten [42]. In [37] und [38] sind verschiedene Texturmerkmale angegeben, die aus der Verlaufslängenmatrix gewonnen werden können.

Abhängigkeitsmatrix

Bei diesem Verfahren wird eine zugrundeliegende Textur durch das paarweise Auftreten bestimmter Grauwerte in vorgegebener Richtung α und Abstand d charakterisiert. Die Elemente $h_{d,\alpha}(i,j)$ der Abhängigkeitsmatrix h werden definiert als Anzahl der Bildpunktepaare im auszuwertenden Bildbereich, die bei fester flächenhafter Zuordnung durch Abstand d und Winkel α die Grauwerte i und j besitzen [43]. Bei grobstrukturierten Texturen und kleinem d werden die zu untersuchenden Bildpunkte in etwa gleiche Intensität besitzen; die Abhängigkeitsmatrix nimmt ihre maximalen Werte entlang der Hauptdiagonalen an. Im Gegensatz dazu werden bei einer feinen Oberfläche die paarweise auftretenden Grauwerte stark verschieden sein, d.h. die Elemente der Matrix werden gleichmäßig belegt sein. Zur Klassifikation bieten sich folgende Texturmerkmale an:

$$\text{Kontrast} \quad KT = \sum_i \sum_j (i-j)^2 h(i,j)$$

$$\text{Homogenität} \quad HG = \sum_i \sum_j h(i,j)^2$$

$$\text{Entropie} \quad EN = -\sum_i \sum_j h(i,j) \log h(i,j)$$

$$\text{Korrelation} \quad KR = \delta_1^{-1} \delta_2^{-1} \sum_i \sum_j (i-\bar{i})(j-\bar{j}) h(i,j)$$

$$\text{mit} \quad \bar{i} = \sum_i \sum_j i h(i,j),$$

$$\bar{j} = \sum_i \sum_j j h(i,j),$$

$$\delta_1^2 = \sum_i \sum_j (i-\bar{i})^2 h(i,j),$$

$$\delta_2^2 = \sum_i \sum_j (j-\bar{j})^2 h(i,j).$$

Texturanalyse durch stochastische Modelle

Eine ganz andere Vorgehensweise als bei den bisher vorgestellten Methoden zur Texturklassifikation stellt dieses Verfahren dar. Die zu analysierende Textur wird hier als Realisierung eines bestimmten stochastischen Prozesses mit unbekannten Parametern interpretiert. Durch Abschätzung der Prozeßparameter anhand der konkreten (Textur-) Realisierung wird eine Klassifikation durchgeführt.

Wir wollen etwas näher auf die verschiedenen stochastischen Modelle eingehen, die zur Texturanalyse verwendet werden. Hierzu sind zunächst folgende Erklärungen notwendig:

Unter einem endlichen Gitter L versteht man die Menge

$$L = \{(i,j), i \in \{0,\ldots,M_1-1\}, j \in \{0,\ldots,M_2-1\}\}.$$

Ein Zufallsfeld (engl. random field) auf dem Gitter L ist definiert durch

$$Y = \{Y_{ij}, (i,j) \in L\},$$

wobei Y_{ij} beliebige Zufallsvariablen auf einem geeignet gewählten Wahrscheinlichkeitsraum $(\Omega, \mathcal{A}, P)$ sind. Ein vorliegendes Bild y kann als Realisierung des Zufallsfeldes Y angesehen werden,

$$y = Y(\omega) = \{Y_{ij}(\omega), (i,j) \in L\} \quad \text{mit } \omega \text{ aus } \Omega.$$

Eine Menge Δ mit $\Delta = \{\eta_{ij}, (i,j) \in L\}$ bildet ein Nachbarschaftssystem auf L, wenn gilt
- $(i,j) \in \eta_{ij}$ (jeder Punkt ist sein eigener Nachbar)
- $(k,l) \in \eta_{ij} \Rightarrow (i,j) \in \eta_{kl}$ (die Nachbarschaftsrelation ist symmetrisch).

Simultanes autoregressives Modell (SAR)

Dem Zufallsfeld Y liegen Gauß-verteilte Zufallsvariablen Y_{ij} mit Erwartungswert Null und Varianz Eins zugrunde. Das Zufallsfeld Y heißt SAR-Modell ([44]), wenn, mit $Y_{ij} = Y(i,j)$, gilt:

$$Y(i,j) = \sum_{(n,m)\in\mathcal{N}} \Theta_{nm} Y(i \oplus n, j \oplus m) + \sqrt{p}W_{ij} \quad ((i,j) \in L).$$

Hierbei bezeichnet $\oplus$ die Addition modulo M_1 bzw. M_2. Durch die Menge $\mathcal{N}$ wird eine Nachbarschaftsrelation festgelegt, beispielsweise $\mathcal{N} = \{(1,0), (-1,0), (0,1), (0,-1), (0,0)\}$, die besagt, welche Zufallsvariablen des Zufallsfeldes voneinander abhängen. Die Zufallsvariablen W_{ij}, die ein prozeßüberlagerndes Rauschen darstellen, sind unabhängig voneinander und Gauß-verteilt mit Mittelwert Null und Varianz Eins. Θ_{nm} und p sind die freien Prozeßparameter, die anhand der zugrundeliegenden Textur abgeschätzt werden können.

Markoffsche Zufallsfelder

Das Zufallsfeld Y stellt sich als Funktion eines Markoffschen Zufallsfeldes X und eines Rauschterms (Zufallsfeld) W dar,

$$Y = f(X, W).$$

Ein Zufallsfeld $X = \{X_{ij}, (i,j) \in L\}$ heißt hierbei Markoffsch, wenn gilt

$$P\big(X_{ij} = x_{ij} \mid X_{kl} = x_{kl}, (k,l) \in L \setminus \{(i,j)\}\big) = P\big(X_{ij} = x_{ij} \mid X_{kl} = x_{kl}, (k,l) \in \eta_{ij}\big).$$

Die bedingte Verteilung der Zufallsvariablen X_{ij} hängt nur von den Werten ab, die von den Zufallsvariablen in direkter Nachbarschaft angenommen werden ([45], [46]).

Das Zufallsfeld $W = \{W_{ij}\}$ wird aus unabhängigen, Gauß-verteilten Zufallsvariablen W_{ij} gebildet.

Es ist bekannt, daß P genau dann ein Markoffsches Zufallsfeld definiert, wenn gilt ([47]):

$$P(X = x) = \frac{1}{Z} \exp -U(x),$$

wobei

$$U(x) = \sum_{c \in C} V_c(x)$$

die sogenannte Energiefunktion mit Potentialen $V_c(x)$ und

$$Z = \sum_x \exp -U(x)$$

ein Normierungsfaktor ist. C bezeichnet die Menge aller Nachbargruppen c im Nachbarschaftssystem Δ. Eine Nachbargruppe besteht entweder aus einem einzigen Gitterpunkt oder aus einer Menge von Gitterpunkten, die folgender Bedingung genügen müssen:

$$(i,j), (k,l) \in c \quad ((i,j) \neq (k,l)) \qquad \Rightarrow \qquad (i,j) \in \eta_{kl}.$$

Als modellbeschreibende Parameter können für diesen Prozeß die Potentiale V_c herangezogen werden, die jeder Nachbargruppe zugeordnet sind.

Bei den meisten Verfahren zur Texturklassifikation bzw. -segmentation werden Merkmale berechnet, die eine Unterteilung von Texturen in feinstrukturiert und grobstrukturiert bzw. homogen und inhomogen zulassen. Der Grad der "Strukturiertheit" bzw.

"Homogenität" scheint eine hinreichende Aussage zu liefern, die für die Unterscheidung vieler Texturen geeignet ist (Bild 26).

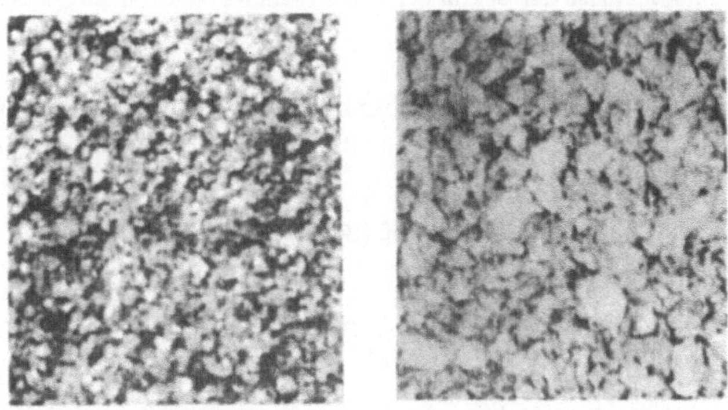

Bild 26: Texturen ([36])

Wenn es gelingt, die Strukturiertheit bzw. Homogenität, oder allgemeiner ausgedrückt, die "Texturrauheit", qualitativ zu erfassen, so kann sie als eine charakteristische Eigenschaft zur Textursegmentation verwendet werden [48].

Diese Aussage wird auch durch folgendes Beispiel eindrucksvoll unterstrichen, wobei hier aus Darstellungsgründen nur der eindimensionale Fall wiedergegeben ist.

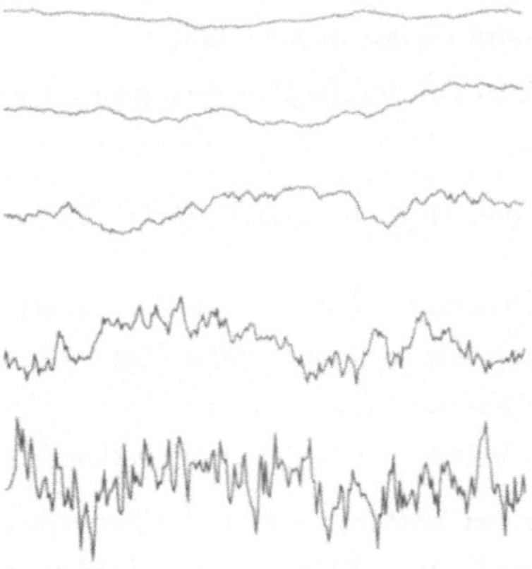

Bild 27: Realisierungen von gebrochenen Brownschen Bewegungen

Die in diesem Bild dargestellten Signale, bei denen es sich um Realisierungen gebrochener Brownscher Bewegungen handelt, unterscheiden sich deutlich aufgrund der jeweiligen Strukturiertheit bzw. Rauheit. Gerade bei solchen Brownschen Prozessen, die im folgenden definiert sind, läßt sich der Begriff der Rauheit eindeutig auf einen charakteristischen Prozeßparameter zurückführen.

Definition Ein stochastischer Prozeß $\{B_H(t) : t \geq 0\}$, definiert auf einem Wahrscheinlichkeitsraum $(\Omega, \mathcal{A}, P)$ mit Wertebereich in $\Re^N$, heißt gebrochene Brownsche Bewegung mit Parameter H $(0 < H < 1)$, wenn gilt

a) $\{B_H(t, \omega) : t \geq 0\}$ ist ein Gauß-Prozeß ([49], [50])

b) Für alle t und t_0 mit $t + t_0 > 0$ gilt

$$P\left(\frac{B_H(t + t_0) - B_H(t)}{\|t_0\|^H} < x\right) = F(x),$$

wobei F die Verteilungsfunktion der Standardnormalverteilung ist.

Der Graph einer gebrochenen Brownschen Bewegung ist definiert durch

$$\mathbf{Gr}B_H = \left\{(t, B_H(t)) : t \geq 0\right\} \subseteq \Re^{N+1}.$$

Durch Variation des Parameters H erhält man die im obigen Bild dargestellten Signale mit unterschiedlicher Rauheit. H und Rauheit hängen also für die gebrochenen Brownschen Bewegungen eng zusammen, weshalb dieser Parameter zur Bewertung der Signale von Nutzen sein kann. In der mathematischen Statistik existieren verschiedene Verfahren, um die Größe eines Parameters eines stochastischen Prozesses anhand einer Realisierung abzuschätzen. Mehr von Interesse erscheint der folgende Zusammenhang, der uns wieder auf die Theorie der Fraktalen Geometrie zurückführt:

Für die Hausdorff-Dimension des Graphen einer gebrochenen Brownschen Bewegung $\mathbf{Gr}B_H$ im $\Re^{N+1}$ gilt:

$$\dim(\mathbf{Gr}B_H) = N + 1 - H \qquad \text{fast sicher.}$$

Dies bedeutet, daß der Parameter H und damit die Rauheit des Signals unmittelbar anhand der Hausdorff-Dimension bestimmt werden können. Laut Pentland besteht dieser Zusammenhang zwischen Hausdorff-Dimension und "Rauheit" nicht nur für gebrochene Brownsche Bewegungen, sondern auch für beliebige fraktale Oberflächen (siehe z.B. [51]).

Bezogen auf das Problem der Texturanalyse in der Bildverarbeitung kann also zusammengefaßt werden, daß die Hausdorff-Dimension oder allgemeiner die gebrochenen Dimensionen als Texturmerkmale genutzt werden können. Dies setzt natürlich voraus, daß die jeweilige Textur innerhalb gewisser Skalengrenzen als gleichmäßige Approximation einer fraktalen Menge interpretiert werden kann. Diese Überlegung erscheint als nicht zu inhaltslos, da sich, wie man inzwischen weiß, viele natürliche und technische Oberflächen innerhalb gewisser Schranken als fraktale Strukturen beschreiben lassen.

Bilder solcher "fraktaler" Objekte können unter bestimmten Aufnahmebedingungen wiederum als Fraktale aufgefaßt werden. Zwischen den jeweiligen gebrochenen Dimensionen läßt sich eine eindeutige Beziehung ([51],[52]) nachweisen. Auf diesen sogenannten Abbildungsprozeß soll im folgenden jedoch nicht näher eingegangen werden.

Die im vorigen Kapitel diskutierten Verfahren zur Bestimmung einer gebrochenen Dimension bzw. eines Skalenexponenten stellen nach diesen Überlegungen ein mögliches Werkzeug zur Texturklassifikation und -segmentation dar. In der Vergangenheit wurden hierzu verschiedene Lösungsansätze vorgestellt. Die ersten Arbeiten zu dieser Thematik stammen von Nguyen und Quinqueton [53] bzw. von Pentland [51]. Um den zur Berechnung einer gebrochenen Dimension notwendigen Rechenaufwand zu verringern, bilden Nguyen und Quinqueton das Bild auf ein eindimensionales Signal ab. Damit die im ursprünglichen Bild enthaltenen Nachbarschaftsrelationen bei der Abbildung möglichst erhalten bleiben, setzen sie die von Peano entwickelte "raumfüllende Kurve" (engl. space filling curve) ein. Die Fraktalanalyse wird am Signal durchgeführt, indem eine Glättung mittels Mittelwertbildung über eine vorgegebene Bereichslänge vorgenommen wird.

Pentland geht in seinen Arbeiten davon aus, daß die zu analysierenden Bilder als Realisierungen eines gebrochenen Brownschen Prozesses aufgefaßt werden können. Durch Abschätzung des Prozeßparameters H kann die fraktale Dimension bestimmt werden. Dieses Verfahren wurde von Medioni und Yasumoto zur Textursegmentation eingesetzt [54]. Peleg et al. nutzten die Minkowski-Dimension in etwas abgewandelter Form als eine charakteristische Größe zur Texturklassifikation [55].

Die anfängliche Euphorie, die die Fraktale Geometrie unter anderem auch in der Bildverarbeitung ausgelöst hatte, macht mittlerweile einer gewissen Form der Ernüchterung Platz. Die "etablierten" Verfahren zur Berechnung einer gebrochenen Dimension erlauben nur in eingeschränktem Maße eine eindeutige Texturklassifikation. Viele Verfahren schlagen selbst schon bei solchen Strukturen fehl, die sich wie die Brownschen Oberflächen aufgrund ihrer Hausdorff-Dimension unterscheiden.

Man war deshalb in der Vergangenheit bemüht, diese Verfahren den Erfordernissen der Texturanalyse anzupassen, um somit den Klassifikationsgrad zu erhöhen, bzw. weitere Merkmale zur Charakterisierung fraktaler Mengen zu definieren [56].

Ein bisher weder in der fraktalen Geometrie noch speziell in der Texturanalyse verwendetes Verfahren stellt die im vorigen Kapitel vorgestellte Gauß-Glättung zur Bestimmung eines Skalenexponenten dar.

Analog zum eindimensionalen Fall kann das fraktale Verhalten eines Graubildes mittels einer Bildglättung durch Faltung mit einer zweidimensionalen Gaußfunktion studiert werden. In Bild 28 ist eine Folge von Gauß-geglätteten Bildern dargestellt.

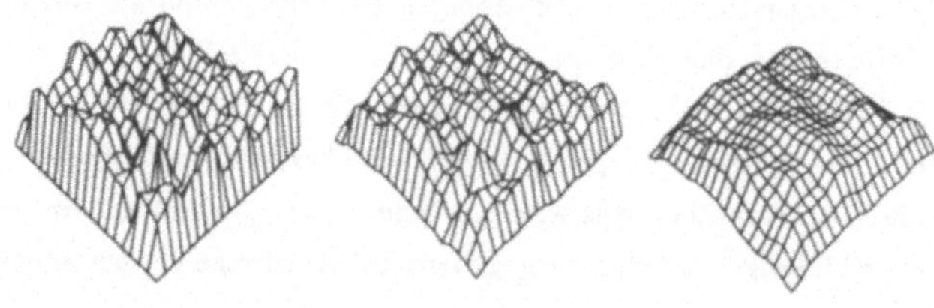

Bild 28: Folge von Gauß-geglätteten Bildern

Als mögliches Merkmal, welches auf unterschiedlicher Skala σ analysiert werden soll, bietet sich der Inhalt der Oberfläche, $F(\sigma)$, des jeweiligen Grauwertgebirges an.

Um einem diskreten Grauwertgebirge bzw. -bild einen Oberflächeninhalt zuordnen zu können, wird die Oberfläche durch zusammenhängende Dreiecke approximiert (Bild 29). Der Oberflächeninhalt F ist näherungsweise durch die Summe aller Dreiecksflächen bestimmt.

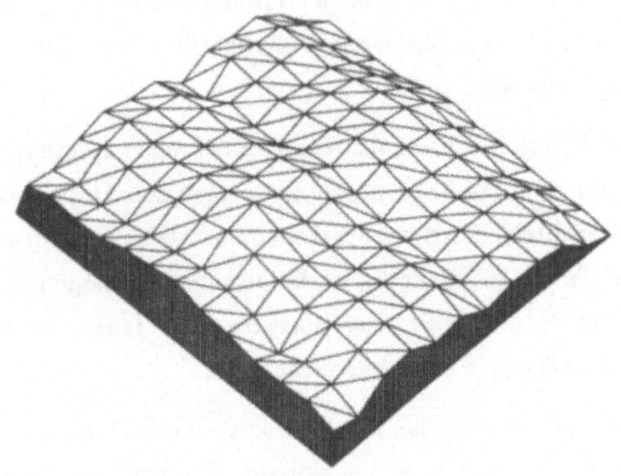

Bild 29: Dreiecksapproximation

Der Skalenexponent der Textur ergibt sich als Steigung der Regressionsgeraden durch die Punkte $(\ln \sigma, \ln F(\sigma))$. Bild 30 zeigt die entsprechende doppellogarithmische Darstellung für ein Graubild.

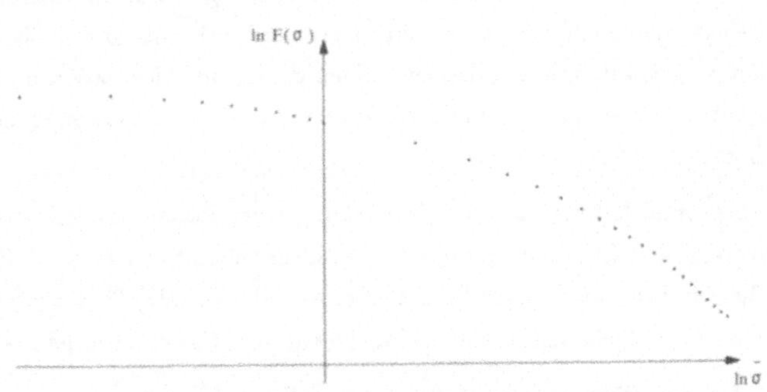

Bild 30: Oberflächeninhalt eines Bildes in Abhängigkeit vom Glättungsgrad σ

Von grundsätzlicher Bedeutung für die Berechnung eines Skalenexponenten ist die Wahl eines geeigneten Skalenbereiches bzw. geeigneter Skalenparameter σ_i. Die im Rahmen dieser Arbeiten durchgeführten Untersuchungen zeigten, daß eine Skalenanalyse im Intervall $[0.3, 1.7]$ als sinnvoll erscheint. Innerhalb dieser Grenzen ließ sich für alle ausgewerteten Texturen der Logarithmus des Oberflächeninhalts in Abhängigkeit vom Logarithmus des Skalenparameters annähernd als Gerade beschreiben und die Geradensteigung als Skalenexponent interpretieren.

Die Ausführungen in Kapitel 3 zu multi-fraktalen Mengen zeigten, daß ein Fraktal in den meisten Fällen nur unzureichend durch einen globalen Dimensionswert charakterisiert werden kann. Erst durch die Bestimmung von lokalen gebrochenen Dimensionen ist man in der Lage, ein Fraktal vollständig zu beschreiben. Bezogen auf das Problem der Texturanalyse bedeutet dies, daß die Klassifikation einer Textur mittels eines Skalenexponenten nur in den wenigsten Fällen ausreichend ist.

Erfolgversprechender erscheint es, das lokale fraktale Verhalten eines jeden Bildpunktes zu analysieren, um so zu einer umfassenden globalen Beschreibung zu gelangen. Faßt man nach diesem Schritt alle Punkte mit gleichem Skalenverhalten zu einer Menge zusammen, so gelangt man zu einer Separierung einer Textur in gleichstrukturierte Gebiete und damit zur Textursegmentation.

Analog zu dem in Kapitel 3 eingeführten Begriff der Homogenität bzgl. einer gebrochenen Dimension entspricht diese Vorgehensweise gerade der Unterteilung eines Bildes in homogene Texturbereiche.

Die Definition einer lokalen gebrochenen Dimension erlaubt es aufgrund der notwendigen Limesbildung nicht, diese Größe auch für digitale Bilder zu berechnen. In einem ersten Schritt wird deshalb, wie allgemein in der Textursegmentation üblich, eine lokale Größe durch Auswertung einer festen Punktumgebung bestimmt. Die Größe der Punktumgebung muß so gewählt werden, daß zum einen genügend Information über die lokale Textur darin enthalten ist, und zum anderen eine Separierung in verschiedene Texturgebiete möglich ist.

Als guter Kompromiß hat sich für die Berechnung eines lokalen Skalenexponenten für Bilder der Größe 512×512 Bildpunkte eine Punktumgebung von 41×41 Bildpunkten herauskristallisiert. Innerhalb dieses Bildfensters wird der (lokale) Skalenexponent durch Bestimmung des Oberflächeninhalts in Abhängigkeit vom Skalenparameter ermittelt.

Um die Zahl der zur Glättung eines Bildes notwendigen Faltungsoperationen möglichst gering zu halten, wurde für die nachfolgenden Beispiele eine Oberflächenberechnung für die σ-Werte 0.7, 0.8 und 0.9 durchgeführt und daraus ein lokaler Skalenexponent berechnet.

Aus dem Originalbild wird ein Dimensionsbild erzeugt, indem jedem Bildpunkt sein entsprechender lokaler Skalenexponent als neuer Grauwert zugeordnet wird. In einem letzten Schritt werden alle Bildpunkte mit gleichem oder nahezu gleichem Skalenexponent zu einem Bereich zusammengefaßt. Jeder Bereich ist durch einen bestimmten Grauwert gekennzeichnet.

In den Beispielen handelt es sich jeweils um Bilder, die aus zwei verschiedenen Texturen zusammengesetzt sind, das Ergebnis der Separation zeigt also ein Binärbild: Texturbereich 1 wird mit dem Grauwert 0, Bereich 2 mit dem Grauwert 255 dargestellt.

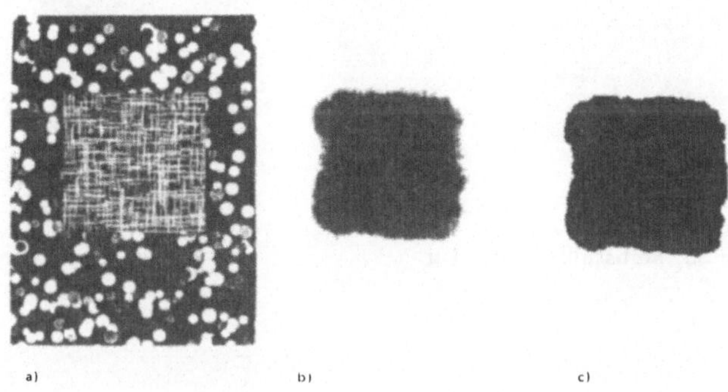

Bild 31: Realisierung eines Punkt- bzw. Geradenprozesses [57]

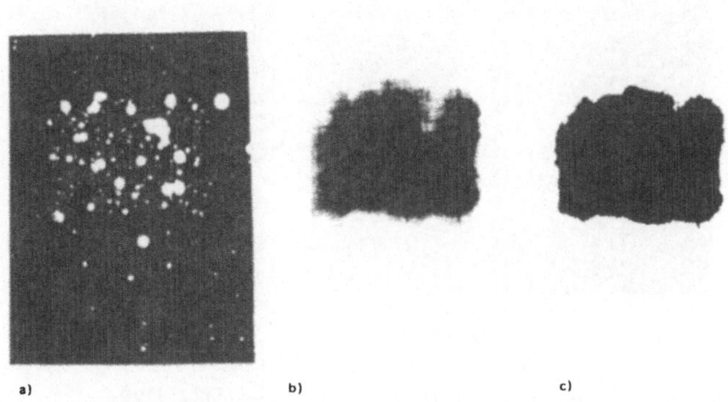

Bild 32: "Schweizer Käse" [1]

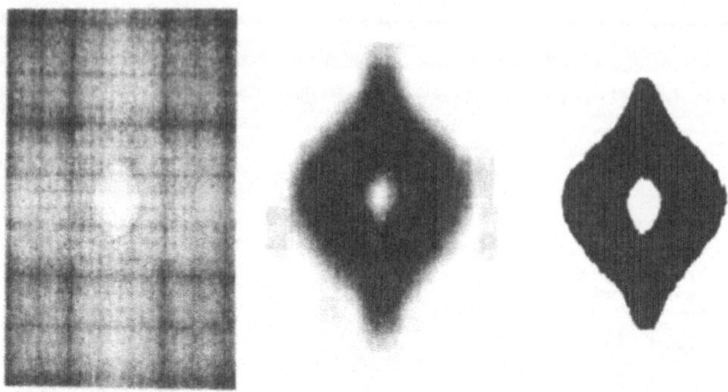

Bild 33: Selbstaffine Struktur

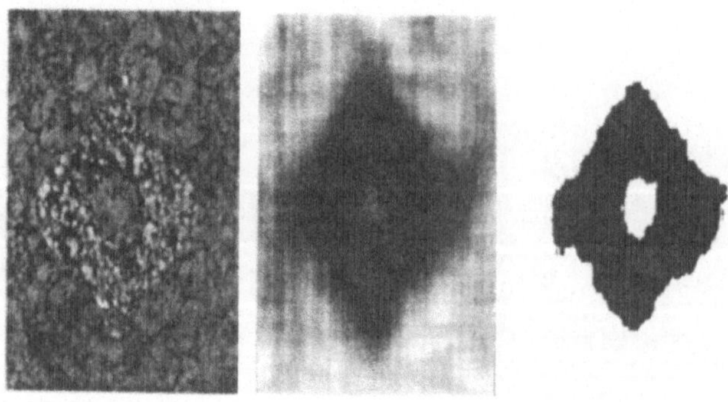

Bild 34: Segmentation von Brodatz-Texturen (D33, D29)

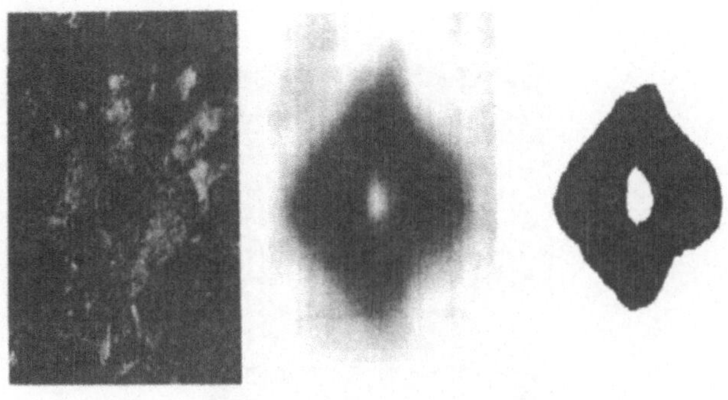

Bild 35: Segmentation von Brodatz-Texturen (D60, D100)

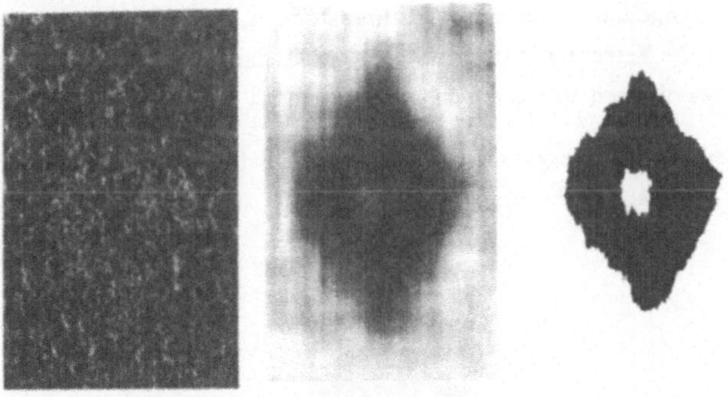

Bild 36: Segmentation von Brodatz-Texturen (D92, D9)

Neben diesen eher hypothetischen Texturkompositionen und deren Separierung ist natürlich die Anwendung dieses Verfahrens für industrielle Aufgaben von großem Interesse. Um den Nutzen gerade in diesem wichtigen Bereich zu bewerten, wurden verschiedene Fragestellungen untersucht, wovon nachfolgend die Ergebnisse dargestellt sind.

Bei dem ersten Beispiel handelt es sich um die Auswertung eines Lackspritzbildes mit dem Ziel, vollautomatische Lackiervorgänge (beispielsweise in der Automobilindustrie) zu überwachen (Bild 37).

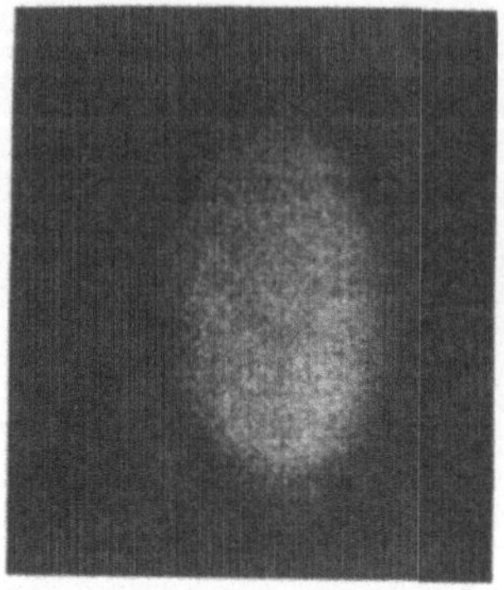

Bild 37: Lackspritzbild

Die Auswertung soll es ermöglichen, Verschmutzungen bzw. Defekte an der Lackspritzdüse, die zu einer mangelhaften Lackierung führen können, bereits in einem frühen Stadium zu erkennen. Solche Verschmutzungen machen sich in der Form des Spritzkerns bzw. dem Flächenanteil des diffusen Randbereichs bemerkbar.

Das erzielte Segmentationsergebnis läßt eine einfache Unterscheidung zwischen Spritzkern, diffusem Rand sowie Hintergrund zu (Bild 38).

Bild 38: Separierter Spritzkern

Andere Beispiele zur industriellen Anwendung sind die Erkennung von Webfehlern (Bild 17, Bild 39) sowie die Detektion von in Lederhäuten auftretenden Fehlstellen (Bild 40).

Bild 39: Separierter Webfehler

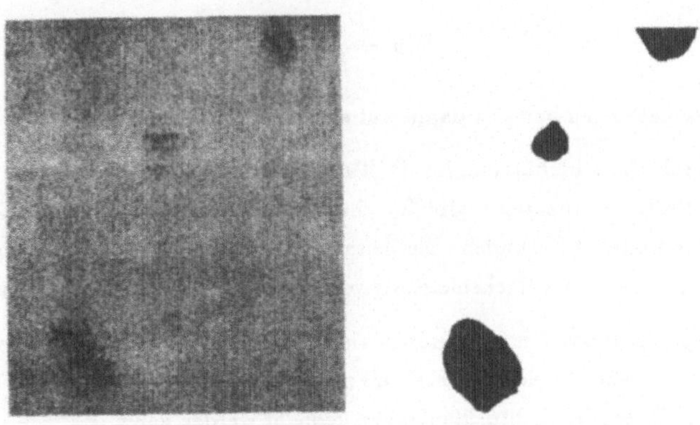

Bild 40: Defekte Lederhaut und separierter Fehler

Die bei der Sichtkontrolle von Gütern während bzw. unmittelbar nach der Fertigung geforderte 100 %-Prüfung bedingt aufgrund der meist hohen Stückzahlen einen sehr schnellen Auswertealgorithmus bzw. hohe Rechnerleistungen. Man ist deshalb bemüht, die notwendigen Rechenprogramme so einfach als möglich zu gestalten, um die geforderten Geschwindigkeiten zu erreichen.

Aus diesem Grunde war es notwendig, den bestehenden Algorithmus zur Berechnung eines lokalen Skalenexponenten effizienter zu gestalten.

Einen ersten Ansatzpunkt bietet die Reduzierung der notwendigen Gauß-Faltungen von bisher drei auf zwei Faltungen mit den σ-Werten $\sigma_1 = 0.3$ und $\sigma_2 = 1.7$.

Die Berechnung des Skalenexponenten p als Steigung der Regressionsgeraden reduziert sich demgemäß auf die Auswertung des folgenden Ausdrucks:

$$p = \frac{\ln F(\sigma_1) - \ln F(\sigma_2)}{\ln \sigma_1 - \ln \sigma_2}.$$

Da der Nenner unabhängig von der jeweiligen Textur ist, kann weiter vereinfacht werden

$$\tilde{p} = \ln F(\sigma_1) - \ln F(\sigma_2)$$

und damit

$$\bar{p} = e^{\tilde{p}} = \frac{F(\sigma_1)}{F(\sigma_2)}.$$

Für kleine σ-Werte ist der Oberflächeninhalt $F(\sigma)$ nahezu identisch mit dem Oberflächeninhalt F des Originalbildes, $F \approx F(0.3)$. Wir setzen also

$$\bar{p} := \frac{F}{F(\sigma_2)}.$$

Die Zahl der Faltungen hat sich damit auf eins reduziert.

Eine realistische Zeitabschätzung für die Textursegmentation mittels dieses abgewandelten lokalen Skalenexponenten ergibt für ein Graubild der Größe 512×512 Bildpunkte einen Wert von unter 4 Sekunden. Die Zeitangabe bezieht sich auf die Verwendung eines Signalprozessors mit einer Rechenleistung von 32 MIPS (million instructions per second).

Der ermittelte Zeitbedarf ist gegenüber vielen anderen Textursegmentationsverfahren, gerade auch aus dem Bereich der Fraktalen Geometrie, so gering, daß an einen Einsatz zur Lösung industrieller Sichtprüfaufgaben gedacht werden kann.

Das letzte hier dargestellte Beispiel zeigt einen konkreten Anwendungsfall des beschriebenen Verfahrens zur Detektion von Texturfehlern. Es handelt sich hierbei um Steinplatten, die nach der Fertigung einer bisher manuell durchgeführten Sichtprüfung unterzogen werden. Neben anderen Defekten können bei der Produktion Strukturfehler an der Plattenoberfläche auftreten, die bei der anschließenden Prüfung zu erkennen sind (Bild 41). Die Bilder 41 und 42 zeigen, daß eine automatische Fehlerdetektion gewährleistet ist, wobei die geforderten Zeiten (7 Sekunden Takt) eingehalten werden.

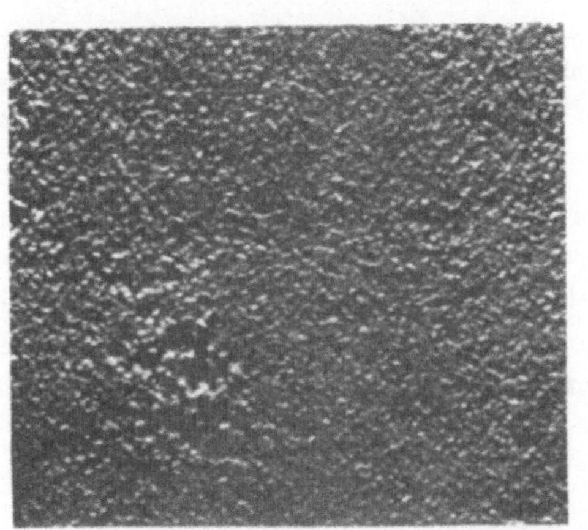

Bild 41: Defekte Steinplatte und separierter Fehler

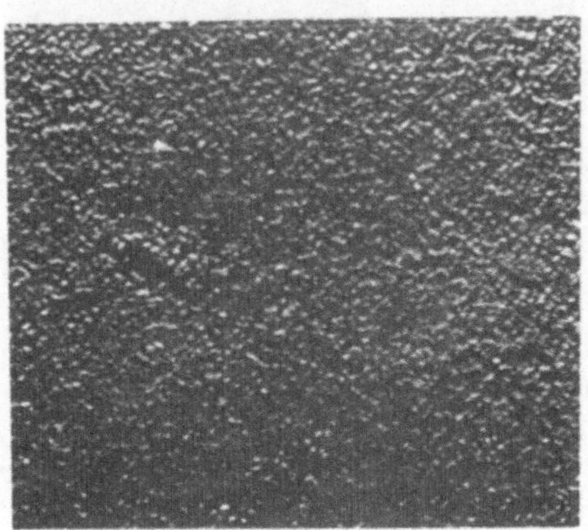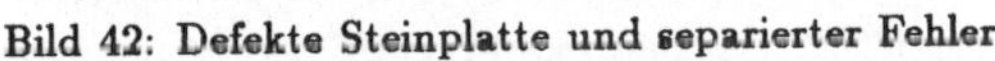

Bild 42: Defekte Steinplatte und separierter Fehler

Die Resultate demonstrieren, daß der lokale Skalenexponent ein bedeutendes Merkmal zur Separierung von Texturbereichen bzw. Detektion von texturellen Fehlstellen ist.

Bei allen untersuchten Bildern erfolgte die Wahl der Skalenparameter σ und der Fenstergröße unabhängig von der zugrundeliegenden Textur. Um so erstaunlicher ist es, daß in allen Fällen eine Segmentation in verschiedene Texturbereiche erzielt werden kann.

So unterschiedlich die hier untersuchten Texturvarianten auch sind, ist eine Verallgemeinerung dieser Aussage natürlich nicht möglich. Hierzu ist die Vielfalt der Texturen zu groß. In jedem einzelnen Fall wird die Anpassung der Parameter an die jeweiligen Texturen erfolgen müssen.

Es ist jedoch von vornherein klar, daß nur solche Texturen voneinander getrennt werden können, die sich aufgrund des Merkmals "Rauheit" unterscheiden. Nur bei solchen Texturen erscheint der Einsatz eines lokalen Skalenexponenten als Texturmerkmal sinnvoll. So ist es beispielsweise nicht möglich, die in Bild 43 dargestellte Gewebestruktur aufgrund des lokalen Skalenexponenten in homogene Teilbereiche zu unterteilen.

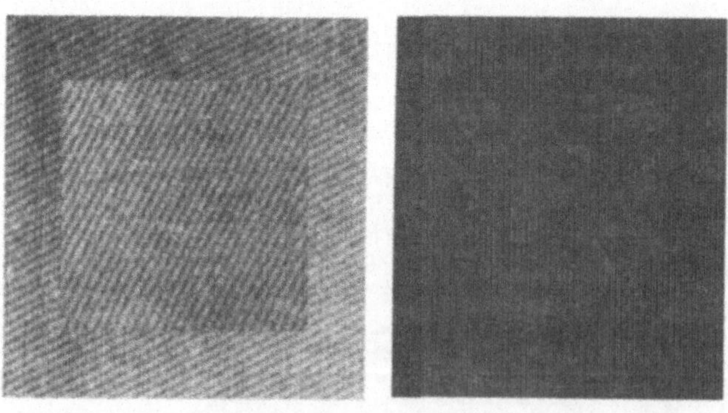

Bild 43: Stoffgewebe und Dimensionsbild

Da sich die beiden Bereiche nur aufgrund ihrer Vorzugsrichtung unterscheiden, bedarf es hier anderer Größen bzw. Verfahren als die hier diskutierten.

Trotz dieser Einschränkung, die den Einsatz eines Skalenexponenten für gewisse Texturerkennungsproblematiken ausschließt, erscheint die Fraktale Geometrie als gewichtiges Werkzeug in der Texturanalyse und speziell der automatischen Sichtprüfung.

6 Zusammenfassung

Die vorliegende Arbeit beschäftigte sich mit einem neuen und faszinierenden Zweig sowohl der theoretischen als auch der angewandten Mathematik, der Fraktalen Geometrie. Man ist sich mittlerweile bewußt, daß jeder Fortschritt auf dem Gebiet der fraktalen Mengen einen weiteren Schritt zum Verständnis vieler Naturphänomene beiträgt.

Eine erste Größe zur Kennzeichnung solcher Fraktale liefern die diskutierten gebrochenen Dimensionen. Diese Dimensionen lassen sich im wesentlichen auf nur zwei Dimensionsbegriffe zurückführen, die Hausdorff-Dimension und die Minkowski-Dimension.

Die Charakterisierung einer komplexen Struktur mit nur einem Dimensionswert bleibt aus den in der Arbeit genannten Gründen unbefriedigend. Einen möglichen Weg, um auch solche inhomogenen Formen in einer eindeutigen Weise mit Hilfe der gebrochenen Dimensionen zu beschreiben, zeigen die vorgestellten lokalen gebrochenen Dimensionen auf.

Die Anwendung der Fraktalen Geometrie auf konkrete Aufgabenstellungen ist nur dann möglich und sinnvoll, wenn eine Analyse durch Einsatz von Rechnern erfolgen kann. In den letzten Jahren wurden deshalb verschiedene Verfahren entwickelt mit dem Ziel, gebrochene Dimensionen einer beliebigen fraktalen Struktur numerisch abzuschätzen. Die Abschätzung kann bei einigen Strukturen den genauen Wert der Dimension ergeben, bei anderen Objekten können sich beide Werte deutlich unterscheiden. Dies ist damit begründet, daß eine numerische Analyse nur bis zu einer gewissen kleinsten Schranke vorgenommen werden kann. Ändert sich unterhalb dieser Schranke das Skalenverhalten radikal, so wird das Ergebnis der Berechnung vom tatsächlichen Wert erheblich differieren. Es ist daher von grundsätzlicher Bedeutung, neben der gebrochenen Dimension auch dem zur Skalenanalyse zugrundegelegten Skalenbereich Beachtung zu schenken.

In dieser Arbeit wurde eine neue Methode zur Skalenanalyse mittels der Berechnung eines Skalenexponenten vorgestellt. Die Auswertung eines Signals auf unterschiedlicher Skala wird möglich, indem das Original durch Faltung mit verschiedenen Gaußfunktionen unterschiedlich stark verschmiert wird. Das Studium der Länge (für eindimensionale Signale) bzw. des Oberflächeninhaltes (für Graubilder) in Abhängigkeit von der Auflösung gibt Aufschluß über das dem Original zugrundeliegende Skalenverhalten.

Ein Anwendungsbereich dieses Verfahrens zur Berechnung eines Skalenexponenten findet sich in der Bildverarbeitung und Texturanalyse. Aufgrund der großen Datenmengen, die gerade hier zu verarbeiten sind, ist ein schneller Algorithmus zur Bewertung fraktaler Mengen gefragt. Gerade dadurch erscheint der vorgestellte neue Ansatz von Interesse, da aufgrund des Aufbaus des Verfahrens eine Umsetzung in eine "schnelle Hardware" möglich ist.

In der Arbeit wurden verschiedene Ergebnisse vorgestellt, die durch Einsatz dieses "Gauß-Glättungsverfahrens" erzielt werden konnten. Die Resultate machen deutlich, daß die der Fraktalen Geometrie zugrundeliegenden Ideen nicht nur für Mathematiker von Interesse sind, sondern daß sie auch in der industriellen Anwendung in der weiteren Zukunft eine bedeutende Rolle spielen können.

7 Literatur

[1] B. B. Mandelbrot, "Die fraktale Geometrie der Natur", *Birkhäuser Verlag Basel* (1987).

[2] B. B. Mandelbrot, "Fraktale Geometrie – der Computer macht eine neue Geometrie möglich", in *75 Jahre IBM Deutschland, 75 Jahre Informationsverarbeitung, IBM Deutschland GmbH, Stuttgart* (1985).

[3] M. Barnsley, "Fractals everywhere", *Academic Press, San Diego* (1988).

[4] C. Carathéodory, "Über das lineare Maß von Punktmengen – eine Verallgemeinerung des Längenbegriffs", *Gesammelte mathematische Schriften* 4 (1954), 249–275, Beck, München.

[5] F. Hausdorff, "Dimension und äußeres Maß", *Mathematische Annalen* **79** (1919), 157–179.

[6] H. Minkowski, "Über die Begriffe Länge, Oberfläche und Volumen", *Jahresbericht der Deutschen Mathematikervereinigung* 9 (1901), 115–121.

[7] B. H. Kaye, "A random walk through fractal dimensions", *VCH Verlagsgesellschaft, Weinheim* (1989).

[8] G. Bouligand, "Sur la notion d'ordre de mesure d'un ensemble plan", *Bulletin des Sciences Mathématiques* **II-53** (1929), 185–192.

[9] K. J. Falconer, "The geometry of fractal sets", *Cambridge University Press* (1985).

[10] H. Federer, "Geometric measure theory", *Springer New York* (1969).

[11] U. Zähle, "Sets and measures of fractional dimension", *Elektron. Informationsverarb. u. Kybernet.* **20** (1984) 5/6, 261–269.

[12] A. N. Kolmogorov und V. M. Tihomirov, "ϵ-entropy and ϵ-capacity of sets in functional spaces", *American Mathematical Society Translations* **17** (1961), 277–364.

[13] L. Pontrjagin und L. Schnirelmann, "Sur une propriété métrique de la dimension", *Annals of Mathematics* **33** (1932), 156–162.

[14] J. D. Farmer, "Dimension, fractal measures, and chaotic dynamics", in *Evolution in Order and Chaos, Springer Series in Synergetics, ed. H. Haken, Springer-Verlag* (1982).

[15] J. E. Hutchinson, "Fractals and self-similarity", *Indiana University Mathematics J.* **30** (1981), 713–747.

[16] M. F. Barnsley und S. Demko, "Iterated function systems and the global construction of fractals", *Proc. R. Soc. Lond.* **A399** (1985), 243–275.

[17] R. Badii und A. Politi, "Statistical description of chaotic attractors: The dimension function", *Journal of Statistical Physics* **40** (1985), 725–750.

[18] H. G. E. Hentschel und I. Procaccia, "The infinite number of generalized dimensions of fractals and strange attractors", *Physica* **8D** (1983), 435–444.

[19] R. F. Voss, "Fractals in nature: From characterization to simulation", *in The Science of Fractal Images*, eds. H. O. Peitgen und D. Saupe, *Springer-Verlag* (1988).

[20] P. Grassberger, "Generalized dimensions of strange attractors", *Physics letters* **97A** (1983), 227–230.

[21] J. Feder, "Fractals", *Plenum Press New York* (1988).

[22] A. Coniglio, "Multifractal structure of clusters and growing aggregates", *Physica* **140A** (1986), 51–61.

[23] A. C. Vosburg, "On the relationship between Hausdorff dimension and metric dimension", *Pacific Journal of Mathematics* **23** (1967), 183–187.

[24] A. P. Witkin, "Scale space filtering", *Proc. Int. Joint Conf. Artif. Intell., Karlsruhe* (1983).

[25] F. Mokhtarian und A. Mackworth, "Scale-based description and recognition of planar curves and two-dimensional shapes", *IEEE Patt. Anal. Mach. Intell.* **8** (1986), 1.

[26] M. Schmutz, private Mitteilung

[27] R. Hummel und D. Lowe, "Computational considerations in convolution and feature-extraction in images", *in From Pixels to Features*, ed. J. C. Simon, *North Holland* (1989).

[28] E.O. Brigham, "FFT – Schnelle Fouriertransformation", *R. Oldenbourg Verlag München Wien*, (1982).

[29] B. Jähne, "Digitale Bildverarbeitung", *Springer-Verlag, Berlin* (1989).

[30] F. M. Wahl, "Digitale Bildsignalverarbeitung", *Springer-Verlag, Berlin* (1984).

[31] P. Haberäcker, "Digitale Bildverarbeitung", *Hauser-Verlag, München* (1985).

[32] W. Rauh, L. Schreiber und K. P. Koch, "Kombination optischer und mechanischer Antastung in der Koordinatenmeßtechnik", *VDI Berichte* **711** (1988).

[33] W. Masing, "Qualitätslehre", *DGQ-Schrift Nr. 11–19, Beuth, Berlin* (1979).

[34] W. Masing, "Handbuch der Qualitätssicherung", *Hauser-Verlag, München* (1980).

[35] K. Schicktanz, "Optoelektronische Warenschau", *textil praxis international* (1986).

[36] P. Brodatz, "Texture – a photographic album for artists and designers", *Dover, New York* (1966).

[37] H. Kazmierczak, "Erfassung und maschinelle Verarbeitung von Bilddaten", *Springer Verlag, Berlin* (1980).

[38] H. Niemann, "Pattern analysis", *Springer Verlag, Berlin* (1981).

[39] K. W. Pratt, O. D. Faugeras und A. Gagalowicz, "Applications of stochastic texture field models to image processing", *Proc. IEEE* **69** (1981), 5.

[40] R. M. Haralick, "Image texture survey", *in Handbook of Statistics, eds. P. R. Krishnaiah, L. N. Kanal, North Holland* (1982).

[41] S. Unger und F. Wysotzki, "Lernfähige Klassifizierungssysteme", *Akademie-Verlag, Berlin* (1981).

[42] J. S. Weszka, C. R. Dyer und A. Rosenfeld, "A comparative study of texture measures for terrain classification", *IEEE Trans. on Systems, Man, and Cybernetics* **SMC-6** (1976), 4.

[43] R. M. Haralick, K. Shanmugam und I. Dinstein, "Textural features for image classification", *in Computer Methods in Image Analysis, eds. J. K. Aggarwal, R. O. Duda and A. Rosenfeld, IEEE Press, New York* (1977).

[44] R. L. Kashyap, R. Chellappa und A. Khotanzad, "Texture classification using features derived from random field models", *Pattern Recognition Letters* 1 (1982).

[45] H. Derin, H. Elliott, R. Cristi und D. Geman, "Bayes smoothing algorithms for segmentation of binary images modeled by Markov random fields", *IEEE Trans. Pattern Anal. Mach. Intell.* **6** (1984) 6.

[46] G. R. Cross und A. K. Jain, "Markov random field texture models", *IEEE Trans. Pattern Anal. Mach. Intell.* **5** (1983).

[47] S. Geman und C. Graffigne, "Markov random field image models and their applications to computer vision", *Proc. of the International Congress of Mathematicians, Berkeley, California, USA* (1986).

[48] A. Rosenfeld und E. Troy, "Visual texture analysis", *Techn. Report Comp. Science Center, Univ. Maryland* (1970), 70–116.

[49] B. B. Mandelbrot und J. W. van Ness, "Fractional Brownian motions, fractional noises and applications", *SIAM review* **10** (1968) 4.

[50] T. Hida, "Brownian motion", *Springer-Verlag Berlin* (1980).

[51] A. Pentland, "Fractal-based description of natural scenes", *IEEE Patt. Anal. Mach. Intell.* **6** (1984), 6.

[52] P. Kube und A. Pentland, "On the imaging of fractal surfaces", *IEEE Trans. Patt. Anal. Mach. Intell.* **10** (1988), 5, 704–707.

[53] P. T. Nguyen und J. Quinqueton, "Space filling curves and texture analysis", *Proc. 6th Inter. Conf. Patt. Recog., München* (1982).

[54] G. G. Medioni und Y. Yasumoto, "A note on using the fractal dimension for segmentation", *IEEE Computer Vision Workshop, Annapolis MD* (1984).

[55] S. Peleg, J. Naor, R. Hartley und D. Avnir, "Multiple resolution texture analysis and classification", *IEEE Trans. Patt. Anal. Mach. Intell.* **6** (1984), 4.

[56] J. M. Keller, S. Chen und R. M. Crownover, "Texture Description and Segmentation through Fractal Geometry", *Comp. Vision, Graphics, and Image Proc. 45, 150–166* (1989).

[57] D. Stoyan und J. Mecke, "Stochastische Geometrie", *Akademie-Verlag Berlin* (1983).

IPA Forschung und Praxis
Schriftenreihe aus dem Institut für Produktionstechnik und Automatisierung, Stuttgart

Herausgeber: Prof. Dr.-Ing. H. J. Warnecke

IPA Forschung und Praxis

Berichte aus dem Fraunhofer-Institut für Produktionstechnik und
Automatisierung, Stuttgart, und dem Institut für Industrielle Fertigung
und Fabrikbetrieb der Universität Stuttgart

Herausgeber: Prof. Dr.-Ing. H. J. Warnecke

IPA-IAO Forschung und Praxis

Berichte aus dem Fraunhofer-Institut für Produktionstechnik und
Automatisierung (IPA), Stuttgart, Fraunhofer-Institut für Arbeitswirtschaft
und Organisation (IAO), Stuttgart, und Institut für Industrielle Fertigung
und Fabrikbetrieb der Universität Stuttgart

Herausgeber: Prof. Dr.-Ing. H. J. Warnecke und Prof. Dr.-Ing. H.-J. Bullinger

---